Google Android / App Inventor 教材出版资助计划项目

Android 系统软件开发
（底层）

夏德洲　张　明　主　编
朱　波　副主编

中国铁道出版社
CHINA RAILWAY PUBLISHING HOUSE

内 容 简 介

本书是一本介绍 Android 系统核心及系统级应用的技术用书，主要目标是让读者更加深入地理解 Android 系统，让开发过程更高效。目前企业对 Android 人才的需求主要在应用开发和底层系统开发两个方面，企业最紧缺的是兼具两者能力的系统开发工程师。本书共分为 9 章，先介绍 Android 底层的架构和 Android 的启动过程；然后介绍 Android 的系统编译和移植；接下来介绍 Android 的 JNI 和 HAL 层，这是 Android 系统级应用开发的核心内容；最后通过两个实例 Led HAL 和 Sensor HAL 对代码进行详细分析，让读者更加深入地理解 Android 底层系统开发。

本书适合作为高职高专院校嵌入式技术与应用专业、移动互联应用技术专业的教材，也可供中等职业技术学校使用。

图书在版编目（CIP）数据

Android 系统软件开发：底层/夏德洲，张明主编. —北京：中国铁道出版社，2015.10
ISBN 978-7-113-20718-2

Ⅰ. ①A… Ⅱ. ①夏… ②张… Ⅲ. ①移动终端－应用程序－程序设计 Ⅳ. ①TN929.53

中国版本图书馆 CIP 数据核字 (2015) 第 226899 号

书　　名：Android 系统软件开发（底层）
作　　者：夏德洲　张　明　主编

策　　划：王春霞　　　　　　　读者热线：400-668-0820
责任编辑：王春霞　鲍　闻
封面设计：付　巍
封面制作：白　雪
责任校对：汤淑梅
责任印制：李　佳

出版发行：中国铁道出版社（100054，北京市西城区右安门西街 8 号）
网　　址：http://www.51eds.com
印　　刷：三河市宏盛印务有限公司
版　　次：2015 年 10 月第 1 版　　　2015 年 10 月第 1 次印刷
开　　本：787 mm×1 092 mm　1/16　印张：14.25　字数：342 千
印　　数：1～2 000 册
书　　号：ISBN 978-7-113-20718-2
定　　价：32.00 元

版权所有　侵权必究

凡购买铁道版图书，如有印制质量问题，请与本社教材图书营销部联系调换。电话：(010) 63550836
打击盗版举报电话：(010) 51873659

前言

　　Android 是 Google 公司于 2007 年 11 月发布的一个基于 Linux 内核的开源嵌入式操作系统。经过几年的发展，市场份额迅速壮大，现已跃居全球第一。与此同时，随着行业的发展，Android 研发工程师日益成为 IT 市场的紧缺人才。目前国内的 Android 开发主要以应用开发为主，主要分为两类：（1）企业开发应用；（2）开发通用应用以及游戏开发。第一类开发者一般身处规模较大的公司，这些公司主要为自有品牌或其他品牌设计手机/平板电脑的总体方案。除了根据需求对系统进行定制外，更多的工作在于为这些系统编写定制的应用。第二类开发者，一般处于创业型公司或者是独立开发者。

　　近几年各大专院校纷纷开设移动互联应用技术专业，但是在专业教学过程中都面临教材难觅、教材内容更新滞后等问题。虽然目前市场上的 Android 开发书籍比较多，但几乎都是针对 Android 应用层的开发。而作为一名合格的 Android 开发工程师，还要了解 Android 的工作机制，这就涉及 Android 的架构；再往下，就是操作系统层级了，这里应该对 Linux 操作系统进行学习，熟悉其内核和运行原理，熟悉 ARM 体系架构及常用指令，并熟悉 Android 的 JNI 和 HAL，掌握其移植方法。针对以上需求我们编写了本教材。

　　本书从 Android 底层原理开始讲起，结合真实的案例向读者详细介绍 Android 内核、Android 系统移植、Android JNI 调用和 HAL 框架开发流程。全书分为 9 章，依次讲解 Android 源代码的下载、编译，Android 的启动流程、HAL 层深入分析等，重点介绍了与 Android 开发相关的底层知识，并对 Android 源代码进行了剖析。

　　本书由湖北工业职业技术学院信息与智能工程系夏德洲、张明担任主编并统稿，朱波任副主编。感谢唐攀无私地提供了很多帮助，Google 公司大学合作部的朱爱民经理也对本书提供了技术和资金上的支持，在此表示衷心的感谢。

　　由于时间仓促，本书可能存在一些不妥之处，请读者见谅并欢迎读者批评指正。

编　者

2015 年 8 月

目 录

第1章 概述 ... 1
- 1.1 Android 操作系统介绍 ... 1
- 1.2 Android 软件架构介绍 ... 2
- 1.3 Android 子系统介绍 ... 3
- 1.4 Android 应用程序开发过程 ... 4
- 小结 ... 5
- 习题 ... 5

第2章 Android 源码开发环境搭建 ... 6
- 2.1 搭建主机虚拟机环境 ... 6
  - 2.1.1 VMware Workstation 介绍 ... 6
  - 2.1.2 安装 VMware Workstation 虚拟机软件 ... 7
  - 2.1.3 安装 Ubuntu 操作系统 ... 9
  - 2.1.4 VMware 网络配置 ... 15
  - 2.1.5 VMware 与主机数据共享 ... 18
  - 2.1.6 VMware 添加新硬件 ... 20
- 2.2 搭建 Linux 编译环境 ... 22
  - 2.2.1 建立 Ubuntu 编译环境 ... 23
  - 2.2.2 JDK 安装 ... 23
  - 2.2.3 安装 Android 编译工具 ... 25
  - 2.2.4 下载 Android 源码 ... 25
  - 2.2.5 下载 Linux 内核源码 ... 26
- 2.3 编译 Android 源码 ... 26
  - 2.3.1 Android 源码目录结构 ... 27
  - 2.3.2 编译 Android ... 30
  - 2.3.3 编译 Linux 内核 ... 33
- 2.4 搭建 Android SDK 开发环境 ... 34
  - 2.4.1 下载、安装 Eclipse ... 34
  - 2.4.2 安装 ADT 插件 ... 34
  - 2.4.3 下载、配置 Android SDK 工具包 ... 37
  - 2.4.4 下载 Android SDK 平台 ... 38
  - 2.4.5 通过 Android SDK Manager 创建模拟器 ... 38
  - 2.4.6 应用程序 Framework 源码级调试 ... 39
- 2.5 定制 Android 模拟器 ... 45
- 2.6 实训：Android 4.0 开发环境搭建及源码编译 ... 47

	小结		57
	习题		57

第 3 章 Android 系统的启动 ... 59

- 3.1 Android init 进程启动 ... 59
- 3.2 Android 本地守护进程 ... 65
  - 3.2.1 ueventd 进程 ... 66
  - 3.2.2 adbd 进程 ... 67
  - 3.2.3 servicemanager 进程 ... 67
  - 3.2.4 vold 进程 ... 68
  - 3.2.5 ril-daemon 进程 ... 68
  - 3.2.6 surfaceflinger 进程 ... 68
- 3.3 zygote 守护进程与 system_server 进程 ... 69
  - 3.3.1 zygote 守护进程的启动 ... 69
  - 3.3.2 zygoteInit 类的功能与 system_server 进程的创建 ... 73
  - 3.3.3 system_server 进程的运行 ... 76
  - 3.3.4 HOME 桌面的启动 ... 82
- 3.4 实训：通过 Init.rc 脚本开机启动 Android 应用程序 ... 84
- 小结 ... 86
- 习题 ... 86

第 4 章 Android 编译系统与定制 Android 平台系统 ... 87

- 4.1 Android 编译系统 ... 87
  - 4.1.1 Android 编译系统介绍 ... 87
  - 4.1.2 Android.mk 文件 ... 88
- 4.2 实训：编译 HelloWorld 应用程序 ... 91
- 4.3 定制 Android 平台系统 ... 93
  - 4.3.1 添加新产品编译项 ... 93
  - 4.3.2 定制产品的意义及定制要点 ... 99
- 4.4 实训：定制开机界面 ... 100
- 4.5 实训：定制开机文字 ... 104
- 4.6 实训：定制系统开机动画 ... 106
- 小结 ... 109
- 习题 ... 110

第 5 章 JNI 机制 ... 111

- 5.1 JNI 概述 ... 111
- 5.2 JNI 原理 ... 112
- 5.3 JNI 中的数据传递 ... 114
  - 5.3.1 JNI 基本类型 ... 114
  - 5.3.2 JNI 引用类型 ... 115
- 5.4 Java 访问本地方法 ... 116

5.5 JNI 访问 Java 成员.. 117
5.5.1 取得 Java 属性 ID 和方法 ID 118
5.5.2 JNI 类型签名 120
5.5.3 JNI 操作 Java 属性和方法 121
5.5.4 在本地代码中创建 Java 对象 123
5.5.5 Java 数组在本地代码中的处理 124
5.6 局部引用与全局引用 126
5.6.1 局部引用 127
5.6.2 全局引用 128
5.6.3 在 Java 环境中保存 JNI 对象 128
5.7 本地方法的注册 129
5.7.1 JNI_OnLoad 方法 129
5.7.2 RegisterNatives 方法 130
5.8 实训：JNI 调用实训 133
小结 139
习题 140

第 6 章 Android 的对象管理 141
6.1 智能指针 141
6.2 轻量级指针 142
6.3 RefBase 类 145
6.4 弱引用指针 wp 150
6.5 智能指针的示例 153
小结 154
习题 154

第 7 章 Binder 通信 155
7.1 Android 进程空间与 Binder 机制 155
7.1.1 Android 的 Binder 机制 156
7.1.2 面向对象的 Binder IPC 157
7.2 Binder 框架分析 158
7.2.1 Binder Driver 158
7.2.2 Open Binder Driver 159
7.2.3 ServiceManager 与实名 Binder 161
7.3 Android Binder 协议ignored 162
7.3.1 BINDER_WRITE_READ 之写操作 163
7.3.2 BINDER_WRITE_READ 之从 Binder 读出数据 164
7.3.3 struct binder_transaction_data：收发数据包结构 165
小结 167
习题 167

第 8 章 Android HAL 硬件抽象层 168

8.1 Android HAL 介绍 168
8.1.1 HAL 存在的原因 169
8.1.2 Module 架构 169
8.1.3 新的 HAL 架构 170
8.2 HAL Stub 构架 171
8.2.1 HAL Stub 框架分析 171
8.2.2 HAL Stub 注册 172
8.2.3 HAL Stub 操作 174
8.3 Led HAL 实例 177
8.3.1 Led HAL 框架 177
8.3.2 LED HAL 代码架构 179
8.3.3 LED Demo 代码分析 180
8.3.4 LedService 代码分析 181
8.3.5 Led 本地服务代码分析 183
8.3.6 LED HAL 深入理解 188
8.4 实训：基于 Android 4.0 平板的 LED 灯控制 188
小结 192
习题 192

第 9 章 HAL 硬件抽象层进阶 Sensor HAL 实例 193

9.1 Android Sensor 架构 193
9.1.1 Android Sensor 框架 193
9.1.2 Android Sensor 工作流程 194
9.2 Sensor HAL 应用程序 198
9.2.1 Sensor HAL 应用程序 198
9.2.2 Android Manager 机制 198
9.2.3 获得 Sensor 系统服务 200
9.3 SensorManager 203
9.3.1 本地 SensorManager 创建 203
9.3.2 获得 SensorService 服务 207
9.3.3 获得 SensorService 监听及事件捕获 210
9.3.4 本地封装类 SensorDevice 213
9.4 Sensor HAL 回顾 217
9.5 实训：SensorDemo 的编译 218
小结 219
习题 219

➡ 概述

本章主要介绍 Android 系统的基本特点、系统架构组成及应用开发方式。

学习目标：
- 了解 Android 操作系统。
- 熟悉 Android 软件架构。
- 熟悉 Android 子系统。
- 掌握 Android 应用程序开发过程。

1.1　Android 操作系统介绍

Android 是 Google 公司于 2007 年 11 月发布的一款优秀的智能移动平台操作系统。到 2011 年第一季度，Android 在全球的市场份额首次超过 Nokia 的 Symbian 系统，跃居全球第一。

Android 系统最初由 Andy Rubin 等人于 2003 年 10 月创建。Google 于 2005 年 8 月 17 日收购 Android 并组建 OHA[①]开放手机联盟开发改良 Android，之后逐渐扩展到平板电脑及其他移动平台领域上。

Android 系统是一个基于 Apache License[②]、GPL[③]软件许可的开源手机操作系统，底层由 Linux 操作系统作为内核，我们可以直接从 Android 的官方网站上下载最新的 Android 源码和相关开发工具包。

Android 官方首页：http://www.android.com/。

Android 官方开发者首页：http://developer.android.com/index.html。

Android 官方开源项目 AOSP 首页：http://source.android.com/。

---

① OHA：Open Handset Alliance 的缩写，是美国 Google 公司于 2007 年 11 月 5 日宣布组建的一个全球性的联盟组织。这一联盟支持 Google 发布的手机操作系统或者应用软件，共同开发名为 Android 的开放源代码的移动系统。开放手机联盟包括手机制造商、手机芯片厂商和移动运营商几类。目前，联盟成员数量已经达到了 34 家，其中包括中国移动、中国联通、中国电信、Haier、Lenovo、华为、中兴通讯等中国软硬件厂商。

② Apache License：著名的非营利开源组织 Apache 采用的协议。该协议和 BSD 类似，鼓励代码共享和尊重原作者的著作权，允许代码修改、再发布（作为开源或商业软件）。Apache License 是一种对商业应用友好的许可。使用者可以在需要的时候修改代码，并作为开源或商业产品发布或销售。

③ GPL：GNU General Public License 的缩写，是一个广泛被使用的自由软件许可证条款，最初由 Richard Stallman 为 GNU 计划而撰写。GNU 软件许可力图保证用户共享和修改自由软件的自由，即保证自由软件对所有用户是自由的，GPL 给予了计算机程序自由软件的定义，并且使用"Copyleft"来确保程序的自由被完善地保留。

1.2　Android 软件架构介绍

Android 的软件架构采用了分层结构，如图 1-1 所示，由上至下分别为 Application（应用层）、Application Framework（应用框架层）、Android Runtime & Libraries（运行时库和本地库层）、Linux Kernel（内核层），如图 1-1 所示。

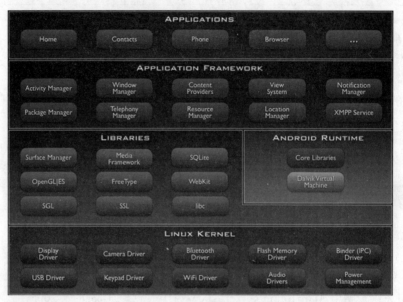

图 1-1　Android 软件架构图

（1）Application（应用层）：用户安装应用程序及系统自带应用程序层，主要用来与用户进行交互，如 Home 指 Android 手机的桌面，Phone 指电话应用，用来拨打电话等。

（2）Application Framework 应用框架层：系统框架层，封装了大量应用程序所使用的类，从而达到组件重用的目的，它主要向上层应用层提供 API，如 ActivityManager 主要用于管理所有的 Activity 画面导航、回退等与生命周期相关的操作，PackageManager 主要用来管理程序安装包的安装、更新、删除等操作。

（3）Android Runtime & Libraries（运行时库和本地库层）：Runtime 是 Android 的运行环境，在该层有 Dalvik Virtual Machine（Android 的虚拟机简称 DVM）的实现，在 DVM 中运行着 Java 的核心语言库代码和 Java 程序。同时，在 DVM 运行期间要调用系统库代码，如负责显示的 SurfaceManager 本地代码，负责多媒体处理相关的 Media Frameworks 代码及 C 库 libc 等。

（4）Linux Kernel 内核层：Android 系统是基于 Linux 系统的，所以 Android 底层系统相关的框架和标准的 Linux 内核没有什么很大的区别，只不过添加了几个 Android 系统运行必备的驱动，如：Binder IPC 进程间通信驱动、Power Manager 电源管理驱动等。

总结：Android 的软件架构是学习 Android 开发必须要掌握的知识点，它对我们将来编写 Android 应用程序，理解 Android 框架代码，编写本地代码，修改底层驱动都有重要的指导意义，可谓学习 Android 的灵魂。

1.3　Android 子系统介绍

Android 是一个庞大的手机操作系统，它不仅使手机实现了打电话、发信息等基本功能，还实现了更复杂的多媒体处理、2D 和 3D 游戏处理、信息感知处理等功能。

Android 的子系统如图 1-2 所示。

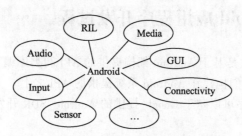

图 1-2　Android 主要子系统

1. Android RIL 子系统

RIL（Radio Interface Layer）子系统即无线电接口系统用于管理用户的电话、短信、数据通信等相关功能，它是每个移动通信设备必备的系统。

2. Android Input 子系统

Input 子系统用来处理所有来自用户的输入数据，如触摸屏、声音控制物理按键等。

3. Android GUI 子系统

GUI 即图形用户接口，也就是图形界面，它用来负责显示系统图形化界面，使用户与系统及信息交互更加便利。Android 的 GUI 系统和其他各子系统关系密切相关，是 Android 中最重要的子系统之一，如绘制一个 2D 图形、通过 OpenGL 库处理 3D 游戏、通过 SurfaceFlinger[①]来重叠几个图形界面。

4. Android Audio 子系统

Android 的音频处理子系统，主要用于音频方面的数据流传输和控制功能，也负责音频设备的管理。Android 的 Audio 系统和多媒体处理紧密相连，如视频的音频处理和播放、电话通信及录音等。

5. Android Media 子系统

Android 的多媒体子系统，它是 Android 系统中最庞大的子系统，与硬件编解码、OpenCore 多媒体框架、Android 多媒体框架等相关，如音频播放器、视频播放器、Camera 摄像预览等。

6. Android Connectivity 子系统

Android 连接子系统是智能设备的重要组成部分，它除了一般网络连接，如以太网、Wi-Fi[②]外，还包含蓝牙连接、GPS[③]定位连接、NFC[④]等。

[①] Android 中图形混合器，用于将屏幕上显示的多个图形进行混合显示。
[②] Wi-Fi 全称 Wireless Fidelity，是当今使用最广的一种无线网络传输技术。
[③] GPS 是英文 Global Positioning System（全球定位系统）的简称。
[④] NFC 是 Near Field Communication 缩写，即近距离无线通信技术。由飞利浦公司和索尼公司共同开发的 NFC 是一种非接触式识别和互联技术，可以在移动设备、消费类电子产品、PC 和智能控件工具间进行近距离无线通信。

7. Android Sensor 子系统

Android 的传感器子系统为当前智能设备大大提高了交互性，它在一些创新的应用程序和应用体验中发挥了重要作用，传感器子系统和手机的硬件设备紧密相关，如 gyroscope（陀螺仪）、accelerometer（加速度计）、proximity（距离感应器）、magnetic（磁力传感器）等。

1.4　Android 应用程序开发过程

Android 应用程序开发是基于 Android 架构提供的 API 和类库编写程序，这些应用程序是完全的 Java 代码程序，它们构建在 Android 系统提供的 API 之上。

开发 Android 应用程序可以基于 Google 提供的 Android SDK 开发工具包，也可以直接在 Android 源码中进行编写。

1. Android SDK 开发

它提供给程序员一种最快捷的开发方式，基于 IDE 开发环境和 SDK 套件，快速开发出标准的 Android 应用程序，但是，对于一些要修改框架代码或基于自定义 API 的高级开发，这种方式难以胜任。

2. Android 源码开发

基于 Android 提供的源码进行开发，可以最大限度体现出开源的优势，让用户自定义个性的 Android 系统，开发出更高效、更与众不同的应用程序，这种方式更适合于系统级开发，对程序员要求比较高，这也是本书的重点。

Android 源码开发过程：

1. 搭建开发环境

根据两种开发方式的不同，搭建开发环境略有不同，本书侧重于系统底层源码开发，只介绍第二种开发方式。对于第一种方式，请读者参考相关书籍资料。

2. 下载 Android 源码

得益于 Android 的开源特点，Android 源码中包含大量宝贵的技术知识，可以在阅读源码过程中更深入地了解 Android 系统的奥秘，为用户编写更高效、更有特点的应用程序打下基础，同时能展现给读者一个更庞大系统的设计蓝图，为系统设计师及项目经理提供参考。同时，Android 的源码中提供的应用程序示例、设计模式、软件架构为用户编写大型应用程序提供经验。

3. 编译 Android 源码

通过编译 Android 源码，生成开发环境及目标系统，为用户做系统底层开发、系统定制与优化做准备，通过分析编译过程，让用户学习到大型工程的代码管理与编译原理。

4. 配置开发环境安装

为了更有效地进行开发，通常会对开发环境做配置，不同的程序员可能会有不同的编程习惯。

小　结

本章主要介绍了 Android 操作系统的基本知识，包括 Android 的架构、Android 的子系统，同时还简述了 Android 应用开发的流程及分类。

通过本章的学习，读者应该能够简单地了解 Android 的架构，了解 Android 的子系统，能够了解 Android 应用程序的开发流程。

习　题

1. Android 软件架构包括哪几层？
2. Android 的子系统主要包括哪些？
3. Android 应用开发分为几种，各自有哪些特点？

第 2 章

Android 源码开发环境搭建

本章主要讲解如何搭建基于 Ubuntu 的 Android 开发环境,为后面章节的内容讲解做铺垫。

学习目标:

- 掌握安装 VMware 虚拟机软件安装过程。
- 掌握安装 Ubuntu 操作系统安装方法。
- 熟悉 VMware 网络配置。
- 了解 VMware 与主机数据共享。
- 掌握 VMware 添加新硬件方法。
- 掌握 JDK 安装过程。
- 掌握 Android 编译工具使用方法。

2.1 搭建主机虚拟机环境

Android 源码开发可以在 MacOS 上或 Ubuntu 上进行,目前不支持在 Windows 系统下开发,而国内用户主机环境大量使用 Windows 系统,这也意味着用户要在 Windows 系统里安装一个虚拟机软件,将 Ubuntu 虚拟运行在 Windows 系统里。

2.1.1 VMware Workstation 介绍

VMware(中文:威睿)是全球著名的虚拟机软件公司。VMware 工作站(VMware Workstation)是 VMware 公司销售的商业软件产品之一。

VMware Workstation 是一个虚拟 PC 软件,它可以使你在一台机器上同时运行两个或更多 Windows、DOS、Linux 系统。与"多启动"系统相比,VMware 采用了完全不同的概念。多启动系统在一个时刻只能运行一个系统,在系统切换时需要重新启动计算机。VMware 是真正"同时"运行多个操作系统在主系统的平台上,就像标准 Windows 应用程序那样切换。而且每个操作系统都可以进行虚拟的分区、配置而不影响真实硬盘的数据,甚至可以通过网卡将几台虚拟机连接为一个局域网,极其方便。但是,安装在 VMware 中的操作系统在性能上比直接安装在硬盘上的物理主机系统低不少,所以通常用于程序开发或测试。

运行 VMware Workstation 的计算机和操作系统被称为宿主机(host)。在一个虚拟机中运行的操作系统实例被称为虚拟机客户(guest)。

由于与宿主机的真实硬件无关,所有虚拟机客户使用相同的硬件驱动程序,虚拟机实例是对各种计算机高度可移植的。例如,一个运行中的虚拟机可以被暂停下来,并被复制到另外一台作为宿主的真实计算机上,然后从其被暂停的确切位置恢复运行。

VMware Workstation 特点：
- 客户机以程序的方式运行在宿主机中。
- 宿主机与虚拟机客户机完全并列平等运行，没有从属关系。
- 宿主机与虚拟机可以通过配置方便地实现文件共享、网络连接、硬件配置等操作。
- 客户机的硬件和宿主机环境无关，都是通过软件仿真的。
- 客户机具有可移植性，可以在不同宿主机上运行。
- 客户机性能比物理主机低得多。

2.1.2 安装 VMware Workstation 虚拟机软件

VMware Workstation 目前常见版本是 v8.0.x，推荐使用较新版本 v8.0.x 以上版本，以保证 Ubuntu 的正常使用。

（1）双击安装包（见图 2-1）进行安装。

（2）安装包启动界面如图 2-2 所示。

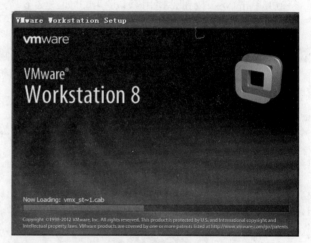

图 2-1　安装 VMware 安装包　　　　图 2-2　安装界面启动

（3）单击 Next 按钮开始安装，如图 2-3 所示。

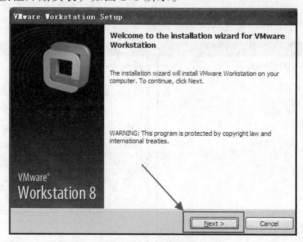

图 2-3　安装界面

（4）单击 Typical 按钮，选择典型安装方式，使用默认配置，如图 2-4 所示。
（5）单击 Next 按钮，设置安装目录，如图 2-5 所示。

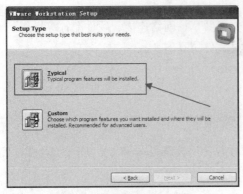

图 2-4　选择"典型"安装　　　　　　图 2-5　选择安装目录

（6）单击 Next 按钮，使用默认选项，如图 2-6 所示。
（7）单击 Next 按钮开始安装，如图 2-7 所示。

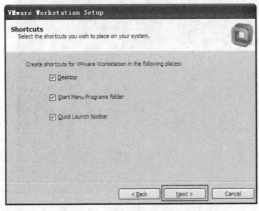

图 2-6　选择启动菜单界面　　　　　　图 2-7　安装界面

（8）安装完成，如图 2-8 所示。
（9）选择 Yes 单选按钮，接受 VMware 的许可，如图 2-9 所示。

 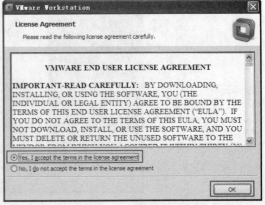

图 2-8　安装完成界面　　　　　　图 2-9　接受安装许可

（10）安装完毕后启动 VMware Workstation 8，如图 2-10 所示。

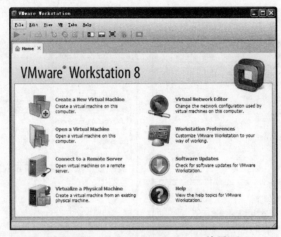

图 2-10　WMware Workstation 首界面

2.1.3　安装 Ubuntu 操作系统

安装完 VMware Workstation 之后，就可以安装虚拟机了。

（1）首先从 Ubuntu 的官方网站下载 Ubuntu LTS[①]版本 ISO 映像文件。

Ubuntu 中文官方网站：http://www.ubuntu.org.cn/。

Ubuntu 桌面版下载地址：http://www.ubuntu.com/download/desktop。

Ubuntu 操作系统简介：

Ubuntu 基于 Debian 发行版和 GNOME 桌面环境，与 Debian 的不同在于它每 6 个月会发布一个新版本。Ubuntu 的目标在于为一般用户提供一个最新的、同时又相当稳定的主要由自由软件构建而成的操作系统。Ubuntu 具有庞大的社区力量，用户可以方便地从社区获得帮助。

（2）创建一个新的虚拟机，如图 2-11 所示。

图 2-11　创建新虚拟机

---

① Ubuntu 操作系统分为一般发行版和长期支持（Long Term Support，LTS）版，Ubuntu 将为每个版本提供至少 18 个月的支持并致力于在该发行版的支持期内持续发布安全和关键补丁。而社区会为 LTS 版提供至少三年的技术支持，因此，强烈建议用户下载使用 LTS 版以得到 Ubuntu 社区的更新和支持。

（3）创建新虚拟机向导：选择要安装的 Ubuntu ISO 映像文件，如图 2-12 所示。

（4）创建新虚拟机向导：设置新虚拟机名称及保存位置，如图 2-13 所示。

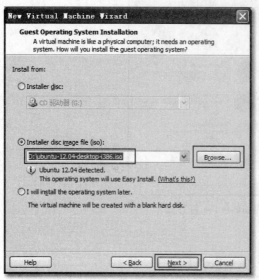
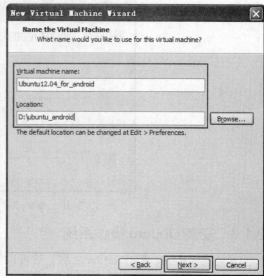

图 2-12　选择安装 Ubuntu 镜像文件　　　　图 2-13　创建新虚拟机向导

（5）创建新虚拟机向导：设置新虚拟机用户名和口令，如图 2-14 所示。

（6）配置虚拟机 CPU 和核心个数，如图 2-15 所示。

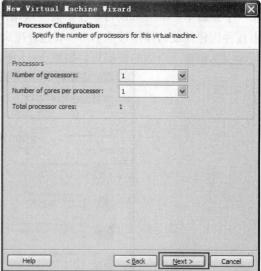

图 2-14　Ubuntu 用户名和口令设置界面　　　　图 2-15　配置虚拟机 CPU

（7）虚拟机内存配置，如图 2-16 所示。

（8）虚拟机网络配置，使用默认的 NAT 网络设置，如图 2-17 所示。

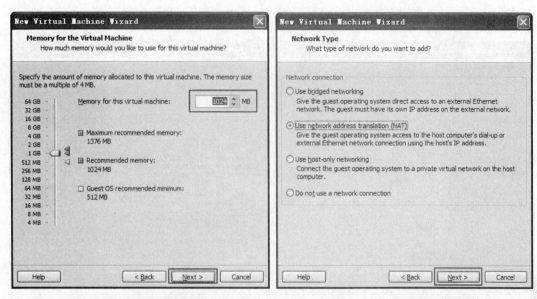

图 2-16 配置虚拟机内存　　　　图 2-17 配置虚拟机网络

（9）虚拟机磁盘控制器接口配置，使用默认的 SCSI 接口，如图 2-18 所示。

（10）虚拟磁盘配置界面：如果没有虚拟磁盘，创建一个新的磁盘，相当于为新机器添加一块硬盘，如果用户使用一个已经存在的磁盘，可以选择第二项：Use an existing virtual disk，如果用户想将一块物理磁盘作为虚拟机磁盘，可以选择第三项，我们选择第一项，如图 2-19 所示。

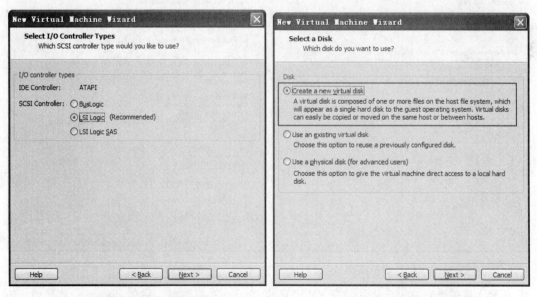

图 2-18 配置虚拟机磁盘控制器　　　　图 2-19 配置虚拟磁盘

（11）虚拟磁盘类型配置界面：使用默认推荐的 SCSI 磁盘，如图 2-20 所示。

（12）虚拟磁盘空间配置界面：设置为 40 GB，如图 2-21 所示，选择下面的 Split virtual disk into multiple files 单选按钮，当磁盘上保存有数据时，不会将 40 GB 的磁盘以单文件的形式存在，而是以 2G 一个文件的方式存在，来防止一些 FAT 类型的文件系统上不能访问问题的发生。

图 2-20　配置虚拟磁盘类型

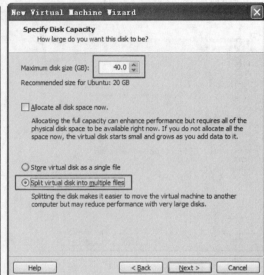
图 2-21　配置虚拟磁盘空间

（13）配置虚拟磁盘名及保存位置，如图 2-22 所示。

（14）最后查看虚拟机配置清单确认界面，如图 2-23 所示。

图 2-22　配置虚拟磁盘名

图 2-23　虚拟机配置清单

（15）虚拟机安装完毕后开始在 VM 中安装 Ubuntu 系统软件，启动 Ubuntu 安装界面，如图 2-24 所示。

图 2-24　Ubuntu 虚拟机安装启动

（16）Ubuntu 安装启动完毕后进入安装界面，如图 2-25 所示。

图 2-25　Ubuntu 虚拟机安装界面

（17）安装 Ubuntu 虚拟机过程中要通过网络下载更新 Ubuntu 系统，可以单击 Skip 按钮跳过下载过程以节省安装时间，如图 2-26 所示。

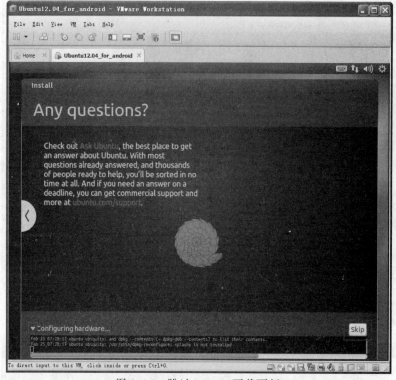

图 2-26　跳过 Ubuntu 下载更新

（18）Ubuntu 虚拟机安装完毕，自动重启，如图 2-27 所示。

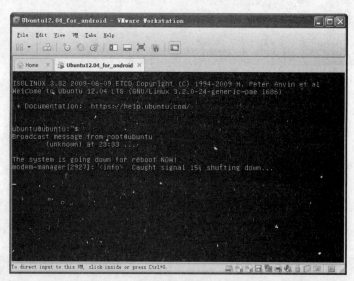

图 2-27　Ubuntu 安装完毕自动重启

（19）Ubuntu 虚拟机登录界面：当 Ubuntu 安装完毕后，每次重启后自动进入到登录界面，等待用户输入用户名和密码，如图 2-28 所示。

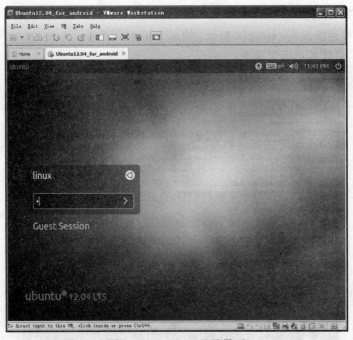

图 2-28　Ubuntu 登录界面

至此，Ubuntu 虚拟机系统安装完毕。

2.1.4　VMware 网络配置

VMware 软件的强大之处在于它能够保证虚拟机和宿主机平等并列运行，并且让两者进行网络通信，而我们在开发 Android 系统应用时会使用到网络，将来做 Android 系统移植时更需要网络的支持，因此 VMware 的网络配置对开发者非常重要。

1. 宿主机网络接口

在安装完 VMware 软件后，在宿主机的网络连接里自动创建了三个虚拟网卡：VMnet0、VMnet1 和 VMnet8。

从图 2-29 中可以看出有两个虚拟网卡，VMnet0 默认和某一个物理网卡桥接在一起，在宿主机网络连接里没有显示出来。

图 2-29　宿主机的虚拟网卡

2. 客户机网络配置

客户机有三种连接方式：Bridged 桥接、使用 NAT 代理连接、Host-only 的私有主机连接，如图 2-30 所示，打开客户机配置项。

图 2-30　打开客户机的网卡配置

在 Virtual Machine Settings 对话框中选择 Network Adapter NAT 方式，如图 2-31 所示。

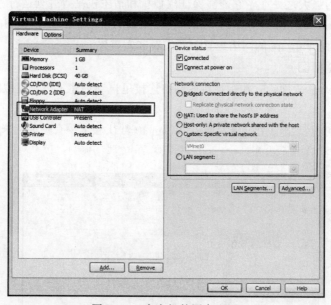

图 2-31　客户机的网卡配置

客户机与三个网卡的连接关系如图 2-32 所示。

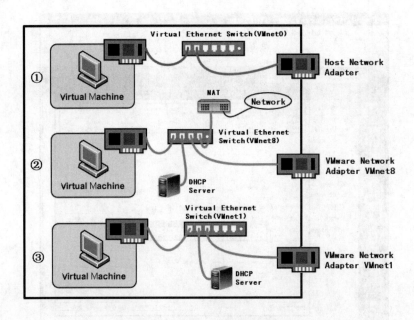

图 2-32　VMware 网卡连接图

　　虚拟客户机网卡可以选择与 VMnet0 的桥接方式（如图 2-32 中①所示）、VMnet1 的 Host-only 连接（如图中②所示），或与 VMnet8 的 NAT 连接（如图中 2-32③所示）。

　　当客户机网卡配置为 Bridged 桥接时，宿主机的物理网卡和虚拟机的网卡在 VMnet0 交换机上通过虚拟网桥进行桥接，客户机与物理网络直接相连接并共享使用物理网卡，网络数据通过物理网卡直接进入客户机，就好像客户机和宿主机在同一网段上的独立主机一样，它可以被网络外的主机发现，并且有自己的 IP 地址。这种连接方式通常用于客户机里架设服务，让网络上的其他主机访问。

　　当客户机配置为 NAT 时，宿主机的虚拟网卡 VMware Network Adapter VMnet8 被连接到 VMnet8 虚拟交换机上，和虚拟机网卡进行通信，但是宿主机 VMnet8 网卡仅仅用于和 VMnet8 网段通信，并不为 VMnet8 提供路由，客户机网卡通过 NAT 代理服务器来连接 Internet，这也就意味着网络外主机不能看到客户机。

　　当客户机配置为 Host-only 时，它和 NAT 网络很相似，宿主机 VMnet1 网卡和客户机网卡通过虚拟交换机连接在 VMnet1 网段，同样该网段没有路由，不能连接 Internet，它是主机与客户机之间建立一个私有的独立的网络，这种方式通常用于主机与客户机之间的私有通信，如文件传输等。

　　可以通过设置虚拟网络配置器来修改宿主机的虚拟网卡信息，如图 2-33 所示。

　　VMnet0 默认和宿主机网卡直接相桥接（Bridged），如果物理主机有两个以上的网卡，通过选择来决定 VMnet0 连接哪个物理网卡，如图 2-33 所示，当前宿主机有两个物理网卡，VMnet0 可以选择桥接在无线网卡上也可以选择桥接在以太网卡上。

　　VMnet1 和 VMnet8 可选择 NAT 或 Host-only 连接方式，VMnet1 默认为 Host-only，VMnet8 默认为 NAT。NAT 只能被一个虚拟网卡连接，Host-only 没有连接限制。

图 2-33　物理网卡桥接图

2.1.5　VMware 与主机数据共享

VMware 软件提供了 Shared Folders 数据共享功能，它可以方便地在虚拟机与宿主机之间进行文件共享。

如图 2-34 所示，设置数据共享，选择 VM→Settings 命令。

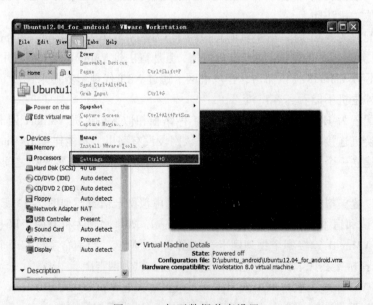

图 2-34　打开数据共享设置

选择 Options→Shared Folders 命令，在右侧选择 Always enabled 单选按钮开启数据共享，

单击下面的 Add 按钮，选择要共享的宿主机上的目录，如图 2-35 所示。

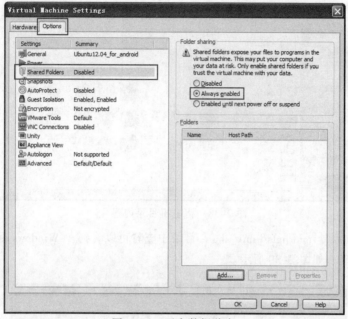

图 2-35　开启数据共享

选择宿主机上的 linux_share 目录为共享目录，如图 2-36 所示。

在 HostPath 中填入共享目录的名称，在 Name 中填入项目的名称，然后单击 Next 按钮，如图 2-37 所示。

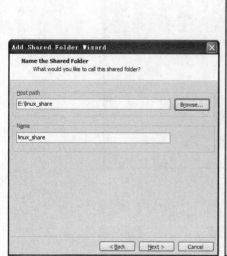

图 2-36　选择宿主机数据共享目录

图 2-37　开启数据共享

开启了数据共享后，可以看到 Ubuntu 客户机/mnt/hgfs/linux_share 目录下的内容与宿主机上的文件一致，如图 2-38 所示。

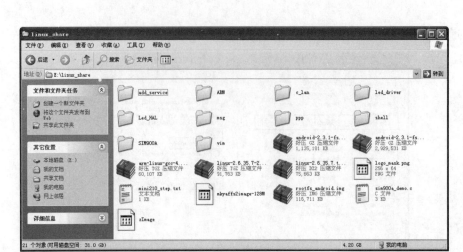

图 2-38　宿主机目录内容

进入 Ubuntu 系统/mnt/hgfs/linux_share 目录中查看可以看到和 Windows 目录下相同的文件，实现数据共享，如图 2-39 所示。

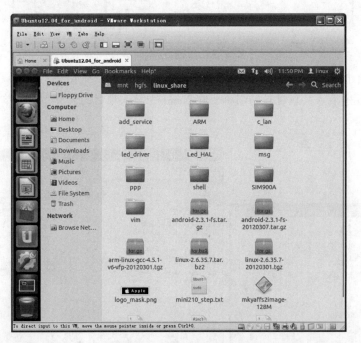

图 2-39　客户机目录内容

VMware 的数据共享功能可以方便地在宿主机与客户机之间实现文件复制、共享、同步操作，而不用再额外开启 FTP 下载服务或网上邻居共享服务，大大提高开发效率。

2.1.6　VMware 添加新硬件

在使用虚拟机的过程经常会添加新的虚拟机硬件。例如，当磁盘空间不足时，想增加磁盘空间，当练习网络组网时，添加网卡。当需要添加新硬件时，可以通过 VMware 提供的添加新硬件向导来实现。

选择 VM→Settings 命令，打开虚拟机设置，选择 Add 按钮添加新硬件，如图 2-40 所示。

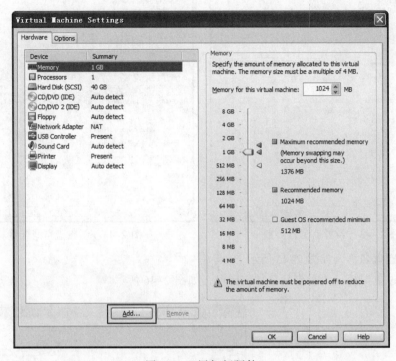

图 2-40　添加新硬件

这里以添加新磁盘为例，选择 HardDisk 选项，点击 Next 按钮，如图 2-41 所示。

选择添加磁盘的方式，和刚开始创建新虚拟机设置一样，选择 Create a new virtual disk 单选按钮创建新磁盘，如图 2-42 所示。

图 2-41　添加新磁盘

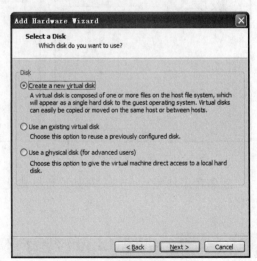

图 2-42　创建新虚拟磁盘

选择新磁盘类型为 SCSI，如图 2-43 所示。

设置新磁盘空间配置，如图 2-44 所示。

图 2-43 设置新磁盘类型　　　　　　图 2-44 新磁盘空间配置

设置新磁盘名称，如图 2-45 所示。

可以通过虚拟机设置看到新添加的磁盘，如图 2-46 所示。

 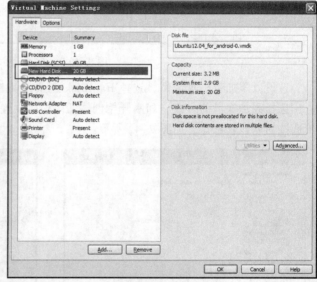

图 2-45 新磁盘命名　　　　　　图 2-46 查看新磁盘

新磁盘添加完后，还要对其进行格式化及分区的挂载，具体操作请读者自己查询相关资料。

2.2　搭建 Linux 编译环境

Android 的源码开发可以在 MacOS 上或 Ubuntu 系统上，目前不支持在 Windows 下进行源代码开发，在 Ubuntu 上建立开发环境的步骤如下：

（1）建立 Linux 编译环境。

（2）安装 JDK。
（3）安装编译必备程序包。
（4）下载 Android 源码及 Linux 内核。

注：本书中使用的是针对 Android 4.0 开发环境，并没有使用最新的 Android 版本，原因有三点：（1）Android 版本升级比较频繁。（2）Android 版本的升级对我们学习 Android 底层没有很大的影响。（3）Android 随着版本的升级，源码体积和编译时间也在成倍增加，会大大降低学习效率。如果读者想下载使用最新 Android 版本，请查看 Android 的官方网站：http://source.android.com/source/initializing.html。

2.2.1 建立 Ubuntu 编译环境

Android 的编译环境的最低要求，随着 Android 版本的升级也发生了变化：

（1）对于 Gingerbread 2.3.x 版本及其以上版本，需要安装 64 位 Ubuntu，对于 2.3.x 以下版本可以使用 32 位 Ubuntu。

注：这只是 Android 官方给出的建议，在简单修改 Android 的 Makefile 后，其实在 32 位系统上也可以编译 2.3.x 以后版本。

（2）Ubuntu 也可以安装在虚拟机软件中，对于 Android 4.0.x 编译环境，虚拟机分配内存和交换分区总和最少要 2 GB，磁盘空间最少 10 GB，如果要编译多个不同版本 Android 磁盘空间要求更多。

（3）为了能够正确下载和编译 Android 源码，还需要安装以下程序包：

① Python 2.6/2.7：Python 是一个非常易学的面向对象的脚本语言，在 Android 的编译过程中会使用到该脚本解释器。

② GNU Make 3.81/3.82：Make 工具用于管理和编译大型的源码项目，它通过 Makefile 来指定编译规则。

③ JDK6：Android 源码中包含大量的 Java 源码，编译 Java 源码要使用 JDK 里的编译工具，对于 Gingerbread 2.3.x 及其以上版本要使用 JDK6 编译，对于 2.3.x 以下版本要安装 JDK5。

④ Git 1.7：Git 是 Linus Torvalds（也是 Linux 内核的编写者）开发的一个非常优秀的分布式项目版本控制系统，用于大型项目的维护，如 Linux 内核源码和 Android 源码都是使用 Git 来管理的，安装 Git 可下载 Android 的源码。

2.2.2 JDK 安装

虽然我们可以通过 Ubuntu 的 apt-get install 命令下载 JDK，但是 JDK 的源码经常会更新到新版本，我们也可以直接从以下网站上下载：

http://www.oracle.com/technetwork/java/javase/downloads/index.html。

如果 Ubuntu 安装的是 32 位版本的，选择 Linux x86 版本，如果 Ubuntu 是 64 位的，那么应该选择 Linux x64，如图 2-47 所示。

下载下来的文件是 bin 格式的二进制文件，将其复制到 Ubuntu 的 Home 目录下的 android 目录中（在本书中，默认 Home 目录下的 android 目录为开发目录）：

```
$ cp jdk-6u41-linux-i586.bin ~/android
```

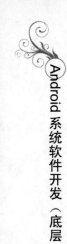

Product / File Description	File Size	Download
Linux x86	65.43 MB	jdk-6u41-linux-i586-rpm.bin
Linux x86	68.45 MB	jdk-6u41-linux-i586.bin
Linux x64	65.64 MB	jdk-6u41-linux-x64-rpm.bin
Linux x64	68.7 MB	jdk-6u41-linux-x64.bin
Solaris x86	68.35 MB	jdk-6u41-solaris-i586.sh
Solaris x86 (SVR4 package)	119.9 MB	jdk-6u41-solaris-i586.tar.Z
Solaris SPARC	73.34 MB	jdk-6u41-solaris-sparc.sh
Solaris SPARC (SVR4 package)	124.58 MB	jdk-6u41-solaris-sparc.tar.Z
Solaris SPARC 64-bit	12.14 MB	jdk-6u41-solaris-sparcv9.sh
Solaris SPARC 64-bit (SVR4 package)	15.43 MB	jdk-6u41-solaris-sparcv9.tar.Z
Solaris x64	8.45 MB	jdk-6u41-solaris-x64.sh
Solaris x64 (SVR4 package)	12.19 MB	jdk-6u41-solaris-x64.tar.Z
Windows x86	69.75 MB	jdk-6u41-windows-i586.exe
Windows x64	59.83 MB	jdk-6u41-windows-x64.exe
Linux Intel Itanium	53.95 MB	jdk-6u41-linux-ia64-rpm.bin
Linux Intel Itanium	60.65 MB	jdk-6u41-linux-ia64.bin
Windows Intel Itanium	57.9 MB	jdk-6u41-windows-ia64.exe

图 2-47　JDK 下载页面

jdk 格式为：jdk-版本号更新号-平台名.bin，随着 Jdk 的更新更新可以不一样，不同的更新号不影响使用。

切换到 Home 目录下：

```
$ cd ~/android
```

添加上可执行权限：

```
$ chmod a+x jdk-6u41-linux-i586.bin
```

直接执行安装：

```
$ sudo ./jdk-6u41-linux-i586.bin
```

安装完之后，会发现在当前目录下有 jdk1.6.0_41 的目录，这个目录就是 jdk 的安装目录，我们要将 Jdk 添加到环境变量中去。

通过 vi 编译器打开 Home 目录下的.bashrc 文件，该文件是 bash 终端的配置文件：

```
$vi ~/.bashrc
```

在.bashrc 配置文件的最后添加如下代码：

```
# set jdk PATH
exportPATH=/home/linux/android/jdk1.6.0_41/bin:$PATH
```

上述代码是将 jdk 安装目录下的 bin 目录添加到 PATH 环境变量中，当每次启动 BASH 终端时，都会自动加载 PATH 变量。

添加完 PATH 变量后，保存退出 vi 编译器，通过下面的命令重新加载新配置文件，然后验证 PATH 环境变量是否设置正确：

```
$ source~/.bashrc
$ java-version
java version "1.6.0_41"
Java(TM) SE Runtime Environment (build 1.6.0_41-b02)
Java HotSpot(TM) Client VM (build 20.14-b01, mixed mode, sharing)
```

执行 javac –version 命令，如果打印出 Java 版本信息，说明我们的 JDK 安装完毕。

2.2.3 安装 Android 编译工具

在编译 Android 源码里，Ubuntu 系统要依赖一些工具包，如：libc6-dev 是标准 C 库，libx11-dev:i386 是开发 x11 界面的库和头文件包，GnuPG 工具是用于加密或签名的工具包等。

安装必备工具包：

```
sudo apt-get install git-core gnupg flex bison gperfbuild-essential
zip curl libc6-dev libncurses5-dev:i386x11proto-core-dev
libx11-dev:i386 libreadline6-dev:i386libgl1-mesa-glx:i386
libgl1-mesa-dev g++-multilib mingw32 tofrodos
python-markdown libxml2-utils xsltproc zlib1g-dev:i386
```

2.2.4 下载 Android 源码

当 Ubuntu 编译环境准备好之后，就可以下载 Android 源码了，Android 的源码通过 Git 来管理，Android 的网站上准备好了一个 repo 脚本，repo 是 Google 用 Python 脚本写的调用 Git 的一个脚本，主要是用来下载、管理 Android 项目的软件仓库。使用 repo 脚本可以下载指定版本的 Android 源码。

在/home/linux/android 创建 Android 源码下载目录：

```
$ cd /home/linux/android/
$ mkdirandroid_source
$ cd android_source
```

创建 repo 脚本的保存目录，保存到 HOME 目录下的 bin 目录中：

```
$ mkdir ~/bin
```

将~/bin 目录添加到 PATH 环境变量中，方便运行：

```
$ PATH=~/bin:$PATH
```

通过 curl 工具从 Android 网站下载 repo 脚本：

```
$ curl https://dl-ssl.google.com/dl/googlesource/git-repo/repo > ~/bin/repo
```

给 repo 脚本添加上可执行权限：

```
$ chmod a+x ~/bin/repo
```

初始化 repository 本地代码仓库，准备访问 Android 源码仓库：

```
$ repo init -u https://android.googlesource.com/platform/manifest -b android-2.3.5_r1
```

注：repo init -u URL 用以在当前目录安装 repository，会在当前目录创建一个目录 ".repo" -u 参数指定一个 URL，从这个 URL 中取得 repository 的 manifest.xml 文件，manifest.xml 文件内容是被 git 管理的仓库的列表，也就是所有 Android 版本仓库代码信息。用 -b 参数来指定初始化某个 Android 版本分支。

这个时候，要保证 Ubuntu 能够上网，并且能正常连接到 Android 服务器，在初始化完 repository 后，会让用户输入 gmail 邮箱及用户名验证，其内容片段如图 2-48 所示。

图 2-48　邮箱验证

同步下载 Android 4.0 源码：

```
$ repo sync
```

这个过程比较漫长，根据网络环境不同，需要数小时或数十个小时。由于要连接国外服务器下载，可能会中断，我们可以编写如下脚本，来实现断线自动重新下载。

```
#!/bin/bash
PATH=~./bin:$PATH
repo init-u https://android.googlesource.com/a/platform/manifest-b android-2.3.5_r1
repo sync
while [ $? -ne 0 ]; do
echo" **Error: sync failed, re-sync again"
sleep 5
repo sync
done
```

2.2.5　下载 Linux 内核源码

Google 在开发 Android 系统的同时，使用 qemu 开发了一个 Android 模拟器，这大大降低了开发人员的开发成本，便于 Android 技术的推广。qemu 是一个开源的模拟处理器软件，qemu 模拟的是 ARM926ej-S 的 Goldfish 处理器，如果开发人员在没有目标开发板的情况下，我们可以使用 Goldfish 模拟器作为开发对象。

通常 Android Kernel 内核的代码放在 Android 源码目录下的 kernel 目录下：

```
$ cd /home/linux/android/android_source
$ mkdir kernel
```

从 Android 的远程源码仓库下载源码：

```
$git clone http://android.googlesource.com/kernel/goldfish.git
```

该过程大概需要几十分钟到几小时，等复制完远程代码后，checkout 出来想使用的分支：

```
$ git checkout remotes/origin/android-goldfish-2.6.29
```

2.3　编译 Android 源码

Android 源码体积非常庞大，由 Dalvik 虚拟机、Linux 内核、编译系统、框架代码、Android 定制 C 库、测试套件、系统应用程序等部分组成，在编译 Android 源码之前，必须要先掌握 Android 源码的组成。

2.3.1 Android 源码目录结构

在 Android 源码中，按照不同功能代码被放在不同的目录下，目录的结构如表 2-1 所示。

表 2-1 Android 目录

目 录	描 述
bionic	针对 Android 系统定制的仿生标准 C 库、链接器等所在目录，Android 系统并没有使用 Linux 的 glibc 库，bioinc C 库针对嵌入式系统做了优化，添加了一些 Android 特定的函数 API 同时大大减少库的体积，也避免了 LGPL 版权的问题
bootable	Android 系统引导启动代码，用来引导系统、更新系统、恢复系统
build	Android 的编译系统目录，里面包含大量的 Makefile，用来编译目标系统、Host 主机开发环境等
cts	兼容性测试工具目录
dalvik	Dalvik 虚拟机，Android 系统得以运行的虚拟执行环境
development	程序开发所需要的模板和工具
external	Android 系统使用的其他开源代码目录，如 jpeg 图片解码开源库、opencore 开源代码等
frameworks	框架层代码，frameworks/base 目录下存放目标系统的框架库，frameworks/policies/base 下存放应用程序框架代码
hardware	HAL（Hardware Abstraction Layer）硬件抽象层代码
kernel	Linux 内核目录，默认下载的 Android 源码里没有，需单独下载
packages	Android 系统级应用程序源码目录，如摄像应用、电话应用等
prebuilt	主机编译工具目录，如 arm-linux-gcc 交叉系统工具链等
sdk	SDK 及模拟器
system	init 进程、蓝牙、无线 Wi-Fi 工具、uevent 进程目录
devices	厂商设备配置目录，针对不同设备，由不同的子目录来分别管理，用来裁剪实现不同设备上 Android 目标系统

在 external 目录下存放着大量的外部开源代码，目录的结构如表 2-2 所示。

表 2-2 external 目录

外部开源项目	描 述	外部开源项目	描 述
aes	AES 加密	libxml2	xml 解析库
apache-http	网页服务器	make	源码的编译工具
asm	C 语言调用汇编工具	netbeans-visual	一个开源软件的开发环境
bluez	蓝牙相关、协议栈	netcat	简单的 Unix 工具，可以读、写 TCP 或 UDP 网络连接
ccache	高速的 C/C++ 编译工具	netperf	网络性能测量工具
clearsilver	一种高效、强大的纯模板系统	neven	看代码和 JNI 相关
dbus	低延时、低开销、高可用性的 IPC 机制	opencore	多媒体框架
dhcpcd	DHCP 服务	openssl	SSL 加密相关
dropbear	SSH2 的 Server	oprofile	OProfile 是 Linux 内核支持的一种性能分析机制

续表

外部开源项目	描述	外部开源项目	描述
eclipse	编译工具	ppp	pppd 拨号命令，好像还没有 chat
elfcopy	复制 ELF 的工具	protobuf	用来处理大量数据的工具
elfutils	ELF 工具	qemu	arm 模拟器
embunit	Embedded Unit Project	safe-iop	安全整数运算库
emma	Java 代码覆盖率统计工具	sdl	一套开放源代码的跨平台多媒体开发库
esd	Enlightened Sound Daemon，将多种音频流混合在一个设备上播放	skia	skia 图形引擎
expat	Expat is a stream-oriented XML parser	sonivox	Android 平台的 MIDI 方案
fdlibm	FDLIBM (Freely Distributable LIBM)	sqlite	数据库
Flex	Adobe Flex 技术	srec	Nuance 公司提供的开源连续非特定人语音识别
freetype	字体库	strace	trace 工具
gdata	google 的无线数据相关	swing-worker	管理任务线程的一个类
diflib		swt	一个开源的 GUI 编程框架
googleclient	google 用户库	tagsoup	TagSoup 是一个 Java 开发符合 SAX 的 HTML 解析器
icu4c	ICU(International Component for Unicode)在 C/C++下的版本	tcpdump	抓 TCP 包的软件
iptables	防火墙	tinyxml	C++的 XML 解析器
Jdiff	用来比较 JavaAPI 的工具	toolchain	文件系统和工具链
jfreechart	开放的图表绘制类库	tremor	嵌入式中的流和文件解码器
jpeg	jpeg 库	webkit	浏览器核心
kxml2	一种数据格式	wpa_supplicant	无线网卡管理
libffi	负责管理两种语言之间参数的格式转换的库	yaffs2	yaffs 文件系统
libpcap	网络数据包捕获函数	zlib	数据压缩的一个库
libpng	编辑 png 格式文件的库		

在 packages/app 目录下存放着大量系统级应用程序，可以拿到这些应用程序代码分析、理解，编写出效率更高，性能更好的应用，目录的结构如表 2-3 所示。

表 2-3　packages/ap 目录

系统应用程序	描述
AlarmClock	闹钟
Browser	浏览器
Calculator	计算器
Calendar	日历

续表

系统应用程序	描 述
Camera	摄像头
Contacts	联系人
Email	邮件
GoogleSearch	Google 搜索
HTML Viewer	浏览器附属界面，被浏览器应用调用，同时提供存储记录功能
IM	即时通信，为手机提供信号发送、接收、通信服务
Launcher	Android 的桌面
Mms	彩信业务
Music	音乐播放器
PackageInstaller	应用程序安装、卸载器
Phone	电话应用
Settings	系统设置
SoundRecorder	录音机
Stk	短信接收和发送
Sync	
Updater	
VoiceDialer	语音识别通话

在 package/providers 目录下存放的是系统级内容提供器（Content Provider），目录的结构如表 2-4 所示。

表 2-4　package/providers 目录

系统内容提供器	描 述
CalendarProvider	日历提供器
ContactsProvider	联系人提供器
DownloadProvider	下载管理提供器
DrmProvider	DRM 受保护数据存储服务，创建和更新数据库时调用
GoogleContactsProvider	谷歌联系人提供器
GoogleSubscribedFeedsProvider	Google 同步功能
ImProvider	即时通信提供器
MediaProvider	媒体提供器、提供存储数据
SettingsProvider	系统设置提供器
SubscribedFeedsProvider	
TelephonyProvider	彩信提供器

2.3.2 编译 Android

按照 Android 官方网站给出的步骤，编译 Android 源码过程如下：

1. 初始化编译环境

在编译 Android 之前，编译系统需要加载一些编译脚本命令到环境变量中，通过下面的指令来初始化编译环境：

```
$ sourcebuild/envsetup.sh
```

在执行完上述命令后，可以通过执行 help 命令来查看所有加载的命令。

```
$ help
Invoke ". build/envsetup.sh" from your shell to add the following functions to your environment:
- croot:   Changes directory to the top of the tree.
- m:       Makes from the top of the tree.
- mm:      Builds all of the modules in the current directory.
- mmm:     Builds all of the modules in the supplied directories.
- cgrep:   Greps on all local C/C++ files.
- jgrep:   Greps on all local Java files.
- resgrep: Greps on all local res/*.xml files.
- godir:   Go to the directory containing a file.

Look at the source to view more functions. The complete list is:
add_lunch_combo  cgrep  check_product  check_variant  choosecombo
chooseproduct  choosetype  choosevariant  cproj  croot  findmakefile  gdbclient
get_abs_build_var  getbugreports  get_build_var  getprebuilt  gettop  godir  help
isviewserverstarted  jgrep  lunch  m  mm  mmm  pid  printconfig  print_lunch_menu
resgrep  runhat  runtest  setpaths  set_sequence_number  set_stuff_for_environment
settitle  smoketest  startviewserver  stopviewserver  systemstack  tapas
tracedmdump
```

常用脚本命令，命令的描述如表 2-5 所示。

表 2-5 常用脚本命令

脚 本 命 令	描　　述
Help	帮助信息，打印所有命令
add_lunch_combo	添加新目标编译项
print_lunch_menu	打印所有目标编译项
lunch	选择目标编译项
m	从源码树顶级目录向下编译源码，相当于执行 make
mm	从当前目录向下编译源码
mmm	从指定目录向下编译源码，通常用来编译某个模块
cgrep	从所有的 C、C++ 文件里查找指定字符串
jgrep	从所有的 Java 文件里查找指定字符串

2. 选择编译选项

由于 Android 源码是一个开源的系统，必然要匹配很多设备产品，也就是说一个版本的

Android 源码，可以编译出针对不同产品的系统。通过选择一个目标编译项，来决定编译出针对哪个产品的系统，可以通过执行下面的命令来选择要编译的目标系统：

```
$ lunch
You're building on Linux

generic-eng simulator
Lunch menu... pick a combo:
     1. generic-eng
     2. simulator
Which would you like? [generic-eng]
```

通过 lunch 命令可知，让用户输入目标编译项，可以选择编译项前的数字，也可以直接输入编译项的名字。

```
...接前面终端输出信息
Which would you like? [generic-eng]1 [回车]
============================================
PLATFORM_VERSION_CODENAME=REL
PLATFORM_VERSION=2.1-update1
TARGET_PRODUCT=generic
TARGET_BUILD_VARIANT=eng
TARGET_SIMULATOR=false
TARGET_BUILD_TYPE=release
TARGET_ARCH=arm
HOST_ARCH=x86
HOST_OS=linux
HOST_BUILD_TYPE=release
BUILD_ID=ERE27
============================================
```

由上面结果可知，当用户输入 1 或 generic-eng 时，会打印出上面的信息，这些信息是 Android 的编译系统必须依赖的环境变量，只有设置了这些变量，才能决定 Android 系统如何编译，编译成什么平台，编译成什么版本。

目标编译项格式：产品名-版本变量名，目标编译项可以由用户添加，产品名是目标设备的产品名，由厂商自己定义，generic 产品是通用产品，它是 Android 默认设备的产品名，它包含了常用的手机的所有功能，自己定义的产品可以继承 generic，并重写它的功能，达到定制产品的目的。

版本变量名由以下几个部分组成：
（1）eng：工程版本。
（2）user：最终用户版本。
（3）userdebug：调试版本。
（4）tests：测试版本。

手机行业的工程机，它不是最终销售的产品，而是产品在定型下线之前放出的一些测试用机器，用于检测认证，这些工程机上安装的系统为 eng 版本。user 是最终用户机发行版本。userdebug 是调试版本，它比用户机添加了一些调试功能，如 adb 调试默认打开等，tests 测试版本，该版本会安装一些测试程序，用于测试系统。

上述四种版本分类的作用，其一，用于区分目标系统里的所有的应用程序、库、测试程序等，将它们打上对应的 Tags，当选择一个版本编译时，拥有对应 Tags 及低级别的 Tags 的程序会被编译安装到目标设备上，应用程序 Tags 的包含关系如图 2-49 所示。其二，根据不同的版本，系统会有不同的设置，如 adbd 在用户版本里是关闭的，在其他版本中是默认打开的，ro.secure 属性用户版本值为 1，其他版本为 0。

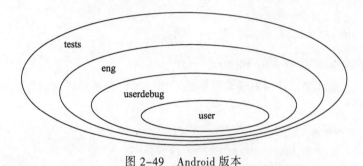

图 2-49　Android 版本

3. 编译源码

执行完前面的命令后，我们可以输入 make 指令开始编译目标系统：

```
$make
```

编译的时长与机器的硬件配置有关系，当第一次编译时一般需要数小时以上。后续编译，相对快多了，编译后的效果如图 2-50 所示。

```
Generated: (out/target/product/generic/android-info.txt)
Installed file list: out/target/product/generic/installed-files.txt
Target system fs image: out/target/product/generic/obj/PACKAGING/systemimage_intermediates/system.img
Install system fs image: out/target/product/generic/system.img
Target ram disk: out/target/product/generic/ramdisk.img
Target userdata fs image: out/target/product/generic/userdata.img
farsight@farsight-virtual-machine:~/andorid/android4.0$
```

图 2-50　编译后的效果

通过上面的输出信息可知，Android 系统编译完后，在 out/target/product/generic/目录下产出了三个文件：system.img、ramdisk.img、userdata.img。

（1）system.img：android 系统的文件系统，里面包含了 android 系统的应用程序（apk），系统用到的各种库（jar, so）和资源，配置文件(etc 目录下)，系统命令(bin,usr/bin, xbin)，该映像文件是由 out/target/product/generic/system 目录打包生成的，我们可以对这个目录里的东西进行定制化。例如，你要想让 android 系统默认安装一个应用程序，那么可以将要安装的 apk 文件复制到 out/target/product/generic/system/app 目录下。

（2）userdata.img：用户数据映像，里面包含有程序安装信息等，好比是 Windows 的 C:/Program Files/目录。

（3）ramdisk.img：内存磁盘映像。Linux 内核启动起来，要挂载一个文件系统作为自己的根文件系统，里面含有 Linux 内核启动过程中依赖的一些程序和配置文件。ramdisk.img 就是一个最小化的根文件系统，它被加载到内存中作为 Android 的根文件系统。该映像是由 out/target/product/generic/root 目录打包生成的。前面所述的 userdata.img 和 system.img 映像，在 linux 系统启动起来后挂载到 ramdisk.img 中的 data，system 目录下。

其实，Android 手机的 ROM 包（通常为 update.zip 文件）就是主要由上述三个映像文件构成的，包的说明如表 2-6 所示。

表 2-6　ROM 包文件说明

ROM 包文件	说　　明
android-info.txt	ROM 版本及刷新配置信息
boot.img	Linux 内核 zImage、ramdisk.img
system.img	Android 系统映像
userdata.img	用户数据映像
…	其他映像

只要我们拿到手机的源代码，就可以自己编译出自己的 ROM，不过，一般手机厂商不会开源，都是第三方爱好者自己下载，修改编译的，如业界著名的 CM 团队，其网址为 http://www.cyanogenmod.com/。

由于完全编译 Android 系统耗时很长，并且 Android 源码由很多模块组成，可以通过下面一些编译命令来减少编译时间，编译命令的功能如表 2-7 所示。

表 2-7　编译命令

编 译 命 令	说　　明
make snod	打包生成 system.img，不检查依赖关系
makebootimage	打包生成 ramdisk.img
Mmm	指定编译某个目录下的模块

上述三个命令经常在源代码开发时使用，希望大家记住。

2.3.3　编译 Linux 内核

Android 使用 Linux 内核，在源码级开发过程中，有时要修改内核代码，通常内核代码是和目标设备相关的，我们使用的是模拟器的内核，即使没有硬件设备也可以完成实训。

编译 Android 的内核，需要用到交叉编译器，我们可以直接使用 Android 源码里自带的 arm-eabi-gcc 编译器，为了编译出针对模拟器的内核（模拟器的 CPU 为 Goldfish），还要配置内核（如果不知道如何配置内核，请读者阅读内核相关资料），为了方便编译 Goldfish 内核，我们编写了如下脚本。

```
$ cd /home/linux/android/android_source/kernel/goldfish/
$ vi build_kernel.sh
```

添加如下内容：

```
@ /home/linux/android/android_source/kernel/goldfish/build_kernel.sh
#!/bin/bash
export PATH=/home/linux/android/android_source/prebuilt/linux-x86/toolchain/arm-eabi-4.4.3/bin:$PATH
export ARCH=arm
export SUBARCH=arm
export CROSS_COMPILE=arm-eabi-
if [ ! -f .config ] ; then
make goldfish_armv7_defconfig
fi
make
```

注：当 Andorid 源码目录发生改变时，要修改 PATH 的路径，让它指向对应的交叉编译器。

给脚本加上可执行权限，然后执行该脚本：

```
$ chmod a+x build_kernel.sh
$ ./build_kernel.sh
```

内核编译完成如图 2-51 所示。

图 2-51　内核编译结果

2.4　搭建 Android SDK 开发环境

上一节我们讲解了如何下载、编译 Android 系统及 Linux 内核。接下来，讲解如何搭建 Android SDK 开发环境，包括 Eclipse 下载安装、ADT 插件安装、Framework 源码级调试、定制 Android 系统等相关知识。

2.4.1　下载、安装 Eclipse

首先，从 Eclipse 官方网站上下载 EclipseIDE Classic，注意选择合适平台（在 32 位 Ubuntu 中，选择 Linux 32 Bit 版本）。网址如下：

http://www.eclipse.org/downloads。

下载完成后，解压缩，运行 Eclipse：

```
$ tar–xvf eclipse-linux-gtk.tar.gz
$ cd eclipse
$ ./eclipse &
```

启动后，选择工程目录，显示 Eclipse 界面，如图 2-52 所示。

图 2-52　Eclipse 启动画面

2.4.2　安装 ADT 插件

ATD（Android Development Tool）插件是专门用于在 Eclipse 开发环境中开发 Android 应用程序的插件。

选择 Help→Install New Software 命令，在弹出窗口中单击 Add 按钮添加新插件，在新弹出窗口中的 Name 中随意输入一个名称，在 Location 输入：https://dl-ssl.google.com/android/eclipse，单击 OK 按钮，如图 2-53 所示。

图 2-53 安装 ADT1

单击 Install New Software 之后选择一个软件下载安装站点，如图 2-54 所示。

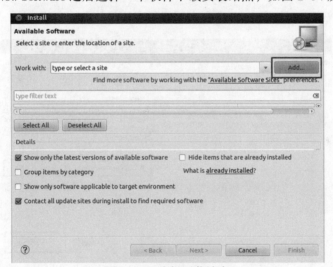

图 2-54 选择下载站点

然后填入名称和站点的网址，单击 OK 按钮开始下载更新软件，如图 2-55 所示。

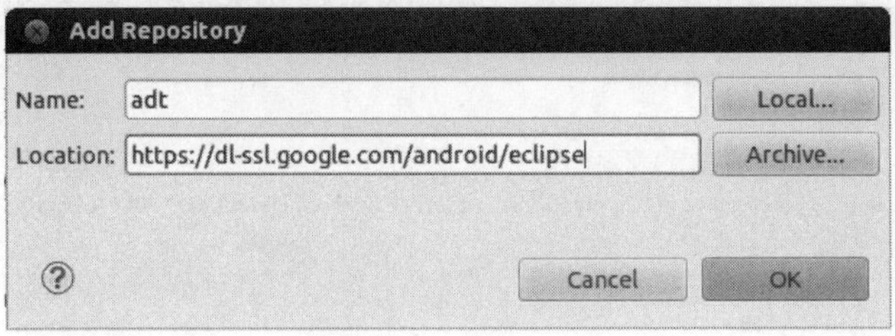

图 2-55 添加站点

在下面的列表中选择 Android DDMS 和 Android Developer Tools，选择 Details 中的 Contact all update sites during install to find required software 单选按钮保持更新，单击 Next 按钮，如图 2-56

所示。

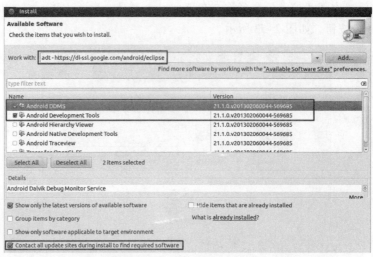

图 2-56　安装 DDMS 和 ADT

进入用户协议窗口，如图 2-57 所示，同意所有协议并开始安装。

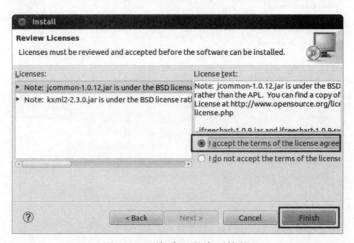

图 2-57　接受用户许可协议

单击 Finish 按钮开始安装软件，如图 2-58 所示。

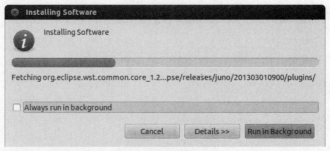

图 2-58　安装 ADT

安装过程中会出现一些警告提示，单击 OK 按钮继续，然后重新启动 Eclipse。

2.4.3 下载、配置 Android SDK 工具包

Eclipse 开发环境已经准备完毕,虽然具备了开发 Android 的能力,但是还没有开发 Android 应用程序时要用到的工具和模拟器等,这些都在 Android SDK 中,进入官方网站 http://developer.android.com/sdk/index.html,选择适合的平台,下载并解压 SDK,如图 2-59 所示。

Platform	Package	Size	MD5 Checksum
Windows	android-sdk_r21.1-windows.zip	99360755 bytes	dbece8859da9b66a1e8e7cd47b1e647e
	installer_r21.1-windows.exe (Recommended)	77767013 bytes	594d8ff8e349db9e783a5f2229561353
Mac OS X	android-sdk_r21.1-macosx.zip	66077080 bytes	49903cf79e1f8e3fde54a95bd3666385
Linux	android-sdk_r21.1-linux.tgz	91617112 bytes	3369a439240cf3dbe165d6b4173900a8

图 2-59 下载 Android SDK

解压到/home/linux/android/目录下:

```
$ tar -xvf android-sdk_r21.1-linux.tgz -C /home/linux/android/
```

其中 android-sdk_r21.1-linux.tgz 是从官网下载的 SDK 包(该包更新频繁,版本可能不一样),-C 参数表示将包解压到参数后面的目录中。

SDK 包解压完之后,要设置 Eclipse 让其知道 SDK 的目录,当编译 Android 应用程序时能找到 SDK 中的资源,选择 Window→Preferences 菜单,在左侧选择 Android 选项,在右侧 SDK Location 中选择解压的 SDK 目录,单击 OK 按钮,如图 2-60 所示。

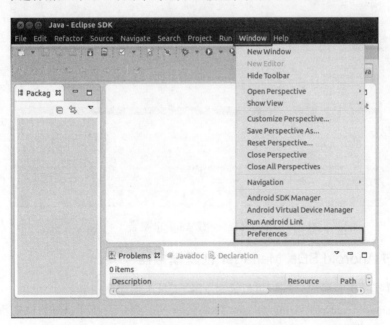

图 2-60 指定 Android SDK 目录

在 SDK Location 中填入下载的 SDK 包目录,或者单击 Browse 按钮,选择 SDK 包目录即可,如图 2-61 所示。

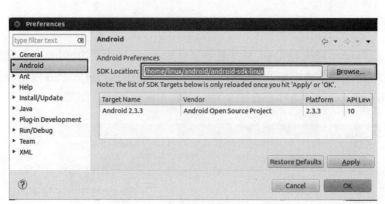

图 2-61　指定 Android SDK 目录

2.4.4　下载 Android SDK 平台

在 Android SDK 工具包中只包含了开发环境中用到的一些工具，Android 系统版本更新比较频繁，我们要在 SDK 下载器里下载要开发的 Android 系统版本类库、映像文件等。

选择 Window→Android SDK Manager 命令，选择要开发的目标系统平台，按照软件开发的要求下载对应版本的 Android SDK 目标系统。

点击 Install Selected 按钮，同意所有的协议，进行下载安装如图 2-62 所示。

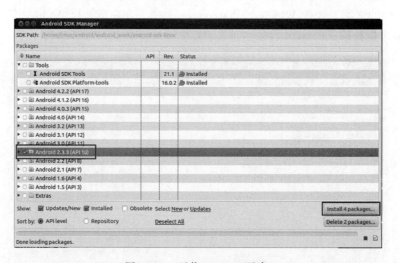

图 2-62　下载 Android 平台

2.4.5　通过 Android SDK Manager 创建模拟器

在没有真实手机设备时，我们可以通过 SDK 工具来创建模拟器。

选择 Window→Android Virtual Device Manager→New 命令，在弹出对话框中新建模拟器。

AVD Name：模拟设备名设置为 MyPhone。

Device：选择合适尺寸的屏幕大小，推荐 320×480。

Target：选择与源码匹配的系统版本。

SD Card：输入虚拟 SD 卡的大小，如图 2-63 所示。

图 2-63 创建 Android 模拟器

创建完毕后，单击 OK 按钮，选择新创建的设备，单击 Start 按钮启动它，如图 2-64 所示。

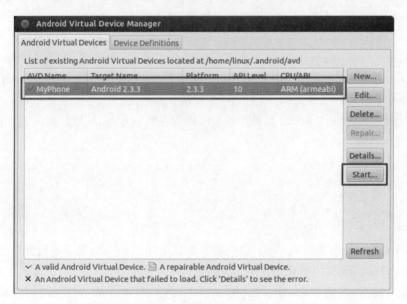

图 2-64 启动 Android 模拟器

2.4.6 应用程序 Framework 源码级调试

Android 平台由上层应用层、中间 Framework 层、本地运行时库层及 Linux 内核层构成，应用程序调用 Framework 的代码库，在开发 Android 应用程序时，程序员希望深入 Android 提供的 API 中去查看具体实现，也就是说更希望在调试应用程序时能浏览到 Framework 代码，从而能更深刻的理解 Android 的工作机制，下面讲解如何进行应用程序的 Framework 源码级别调试。

Framework 的源码级别调试，就是单步调试时能直接进入 Framework 源码中去，这也就意味着，我们要将 Framework 的源码添加到 Eclipse 中，添加步骤如下：

（1）修改 Eclipse 的缓存配置：

打开 Eclipse 的安装目录下的 eclipse.ini 文件，修改下面的三个变量的值：

```
--launcher.XXMaxPermSize
256m
-Xms128m
-Xmx512m
```

（2）将 Android 源码中的 Eclipse 配置文件 .classpath（在 development/ide/eclipse/ 目录下）拷贝到源码的顶级目录下：

```
$ cd ~/android/android_source/
$ cp development/ide/eclipse/.classpath ./
```

（3）把 Android 提供的两个配置文件（在 development/ide/eclipse/ 目录下）：android-formatting.xml 和 android-importorder.xml 导入 Eclipse：

选择 window→preferences→Java→CodeStyle→Formatter，单击 Import 按钮，选择 android-formatting.xml 文件，单击 Apply 按钮，应用设置。

选择 window→preferences→Java→Code Style→Organize Imports，单击 Import 按钮，选择 android-importorder.xml，单击 Apply 按钮，应用设置。

（4）导入 Android 源码：

选择 File→New→Java Project，创建新 Java 工程，在弹出的窗口中输入工程名 android_source，指定 Location 为 Android 源码的顶级目录：/home/linux/android/android_source（上一步 .classpath 被复制到这里），单击 Finish 按钮。

Eclipse 加载源码时间比较长，如果加载完出现找不到 javalib.jar 库的错误，打开 .classpath 文件，将下列内容删除掉：

```
<classpathentrykind="lib"path="out/target/common/obj/JAVA_LIBRARIES/google-common_intermediates/javalib.jar"/>
    <classpathentrykind="lib"path="out/target/common/obj/JAVA_LIBRARIES/gsf-client_intermediates/javalib.jar"/>
```

重启 Eclipse，如果出现源码错误，说明项目配置文件 .classpath 里面的目录与源码中的目录不一致，将 .classpath 里的目录与源码目录匹配即可。

（5）查看 Eclipse 左侧的 Package Explorer 窗口，可以看到 Android Framework 源码被导入进来了，如图 2-65 所示。

（6）源码级调试 Android 应用程序：

在开始调试之前，要保证上一步中 Android 源码工程编译完没有错误。

新建一个 HelloWorld 应用程序工程，在该工程上右击并选择 Debug As→Debug Configurations→Remote Java Application，右击 New，在右侧窗口中 Project 选择刚才添加到工程中的 Android 源码工程 android_source，单击 Apply 按钮应用设置。

图 2-65 输入 Android 源码

打开 HelloWorld 源码文件，将断点设置在 super.onCreate()方法上，单击调试按钮，开始调试，如图 2-66 所示。

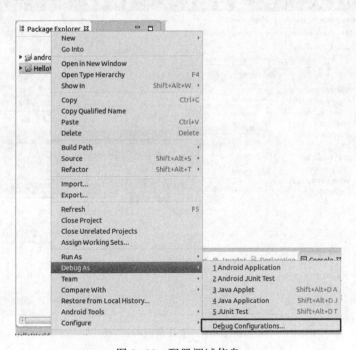

图 2-66 配置调试信息

在 Debug conflgurations 中新建调试，如图 2-67 所示。

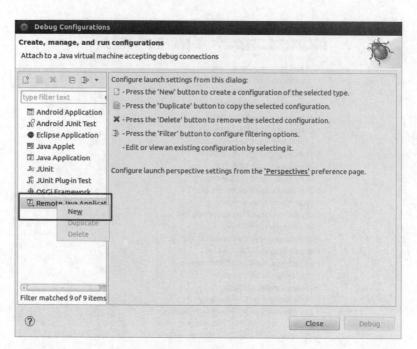

图 2-67　新建调试点

单击 Browse 按钮选择要调试的程序，如图 2-68 所示。

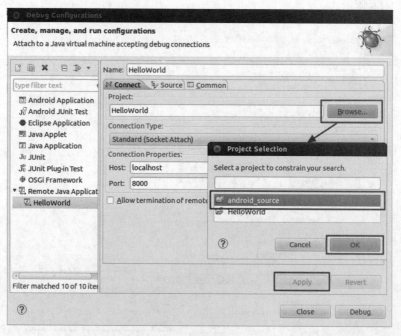

图 2-68　选择调试程序

当按【F5】键（Step Into）进入框架层代码界面时，会显示 Source not found，选择 EditSource Lookup Path…，在新窗口中单击 Add 按钮，选择 Java Project 并选择 android_source 工程，这样就可以看到框架层代码了，如图 2-69 所示。

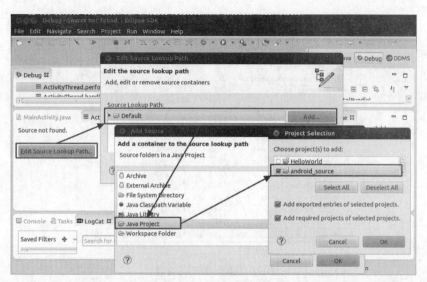

图 2-69　设置源码目录

单击菜单栏的开始调试按钮，当程序运行到设置调试断点的代码行时会停止运行，用户可以查看当前程序的状态和参数值，如图 2-70 所示。

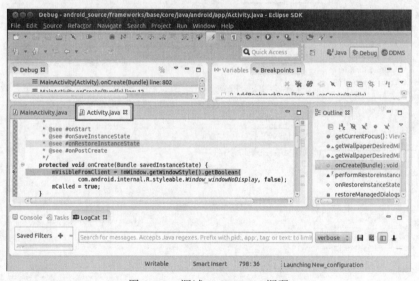

图 2-70　调试 HelloWorld 源码

（7）调试系统级应用程序。首先在模拟器里打开要调试的应用程序，比如计算器（Calculator），选择 Window→Open Perspective→DDMS，弹出 DDMS 调试窗口。在 Devices 窗口中选择 Calculator 的进程 com.android.calculator2，如图 2-71 所示。

选择 Run→Debug Configurations→Remote Java Application，右击 New，配置 Name 为 Calculator，在右侧窗口的 Project 中选择刚才添加到工程的 Android 源码工程 android_source，调试 Port 端口设置为 8700（默认 AVD 调试端口）单击 Apply 按钮应用设置，如图 2-72 所示。

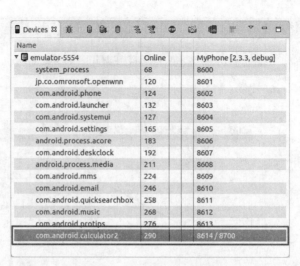

图 2-71 选择要调试的进程

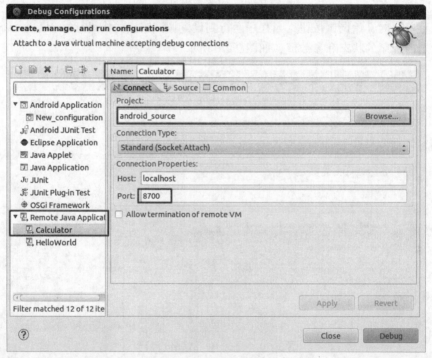

图 2-72 设置调试参数

再单击 Debug 按钮，可以看到 DDMS 窗口中，com.android.calculator2 进程前面出现了 Debug 标志，如图 2-73 所示。

切换到 Java 视图，打开 android_source 工程中 Calculator.java，在 onCreate 方法上设置断点，在模拟器里关闭刚才打开的 Calculator，再次启动它，在 Eclipse 中就可以对 Calculator 进程进行调试了，如图 2-74 所示。

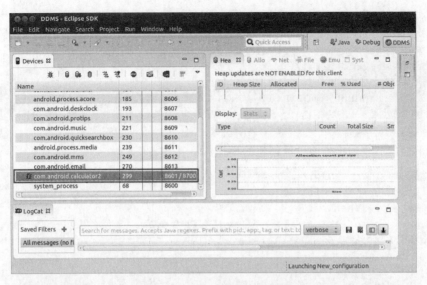

图 2-73 调试 Calculator 源码

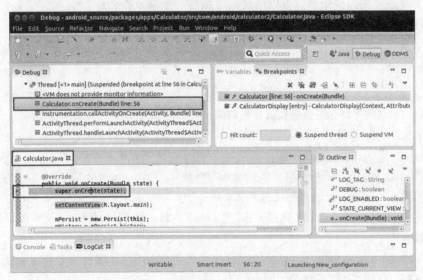

图 2-74 调试 Calculator 源码

2.5 定制 Android 模拟器

2.4 节介绍了在 Android Virtual Device Manager 里创建目标平台的模拟器，这个模拟器使用的 SDK 中的 Linux 内核和文件系统，我们完全可以对这个模拟器进行定制，使用自己编译的内核与文件系统。

进入 SDK 目录下，查看当前已下载的目标平台：

```
$ cd /home/linux/android/android-sdk-linux/tools
$ ./android list targets
Available Android targets:
----------
```

```
    id: 1 or "android-10"
      Name:Android4.0.3
      Type:Platform
      API level:10
      Revision: 2
      Skins:WXGA800, WQVGA400, WXGA720, HVGA, WVGA854, WQVGA432, WVGA800 (default), QVGA,WSVGA
     ABIs :armeabi.
```

通过下面的命令列出当前已经创建的模拟器:

```
$ ./android list avd
Available Android Virtual Devices:
    Name: MyPhone
    Path: /home/linux/.android/avd/MyPhone.avd
  Target: Android 2.3.3 (API level 10)
     ABI: armeabi
    Skin: 320x480
  Sdcard: 64M
```

如果不存在可用的模拟器,可以通过命令创建一个模拟器它:

```
$ ./android create avd -n MyPhone-t 1
```

注:-n 表示模拟器名字,-t 表示模拟器使用的系统 ID 号,这儿指定为 1,即 Android4.0 启动模拟器:

```
$ ./emulator -avd MyPhone&
```

上述命令启动的是目标平台的默认系统映像(默认在 SDK_DIR/platforms/ android-xx/images),可以通过 emulator 的参数来指定特定的映像。

```
$ ls SDK_DIR/platforms/android-10/images
NOTICE.txt kernel-qemu ramdisk.img system.img  userdata.img
```

NOTICE.txt:当前系统映像的文件列表。

Kernel-qemu:针对 Goldfisk 虚拟 CPU 的 Linux 内核,我们可以通过 2.4 节编译出自己的内核来替换它。

ramdisk.img、system.img、userdata.img 这三个映像文件在 2.4 节已经介绍过,它们是构成 Android 文件系统的主要组成部分。

在 Android 源码的顶层目录下编写脚本 run_emulator.sh,用来快速启动自己源码编译出来的文件系统和自己编译出来的 Linux 内核。

```
#!/bin/bash
SDK_PATH=/home/linux/android/android-sdk-linux
PWD_PATH='pwd'
IMG_PATH=$PWD_PATH/out/target/product/generic
exportPATH=$SDK_PATH/tools:$PATH
emulator -kernel $PWD_PATH/kernel/goldfish/arch/arm/boot/zImage\
    -image $IMG_PATH/system.img \
    -data $IMG_PATH/userdata.img\
    -ramdisk $IMG_PATH/ramdisk.img
```

-kernel:指定内核映像。

-system：指定 system.img。
-data：指定 userdata.img。
-ramdisk：指定 ramdisk.img。

2.6 实训：Android 4.0 开发环境搭建及源码编译

【实训描述】

Android 源码的开发环境地搭建是编译源码和 Android 应用程序开发的关键步骤之一，整个过程分成四个部分，第一部分是 Linux 开发环境的配置及相关工具的下载，主要包括 Ubuntu 安装、GCC 软件下载与配置、NFS 的配置和 TFTP 的配置；第二部分包括 Android 环境的搭建包括 JDK 和 SDK 的安装与配置；第三部分下载 Android 的源码，包括使用 repo 下载 Android 源码；第四部分是编译源码，包括编译 u-boot 源码，编译 Android 4.0 源码并生成镜像。

【实训目的】

- 了解 Android 4.0 开发环境搭建。
- 熟悉相关源码编译。

【实训步骤】

1. Android 4.0 开发环境搭建

（1）安装 Ubuntu 10.04（64 bit）

前提是已经安装相关的虚拟机软件，路径为光盘目录下"虚拟机软件 VMware9.0"。

Google 在 Android 官网要求使用 64 bit 系统作为 Android4.0 开发主机环境：

> For Gingerbread (2.3.x) and newer versions, including the master branch, a 64-bit environment is required. Older versions can be compiled on 32-bit systems.
> The Android build is routinely tested in house on recent versions of Ubuntu LTS (10.04), but most distributions should have the required build tools available. Reports of successes or failures on other distributions are welcome.

Google 推荐使用 64 位的 Ubuntu 10.04 作为主机，所以我们需要安装一个 Ubuntu10.04（64 bit）的操作系统。建议安装一个实体操作系统，并且应该至少有 1 GB 的内存空间和 60 GB 的硬盘。如果安装到虚拟机中，应该在 BIOS 打开 VT（虚拟化技术）。

注意：因为 Android 4.0 编译需要 gcc/g++ 4.4 版本，因为在高于 4.4 版的 GCC/G++ 中，有些库在兼容方面会有一些问题，会编译过程中会产生一些错误。所以如果是比 Ubuntu10.04 (64 bit)的操作系统更高的版本，需要安装 gcc4.4 和 g++4.4 版。操作如下：

首先进入"/usr/bin"目录下：

① 装 gcc 和 g++ 4.4 版本。

执行：

$sudo apt-get install gcc-4.4 g++-4.4 g++-4.4-multilib

② 修改 gcc 链接：

执行：

```
$sudo mv gcc gcc.bak
$sudo ln -s gcc-4.4 gcc
```

③ 修改g++链接：

执行：

```
$sudo mv g++ g++.bak
$sudo ln -s g++-4.4 g++
```

然后回到android 4.0的顶级目录下按照编译Android 4.0源码的步骤重新编译Android 4.0即可（最好删除android 4.0的顶级目录下的out目录）。

（2）配置TFTP

Tftp是TCP/IP协议族中的一个用来在客户机与服务器之间进行简单的文件传输的协议。

配置步骤如下：

在虚拟机中：

① 用apt-get命令，安装tftp服务：

```
$sudo apt-get install tftp-hpa tftpd-hpa xinetd
```

② 修改配置文件：

在/etc/default下修改tftp服务的配置文件tftpd-hpa：

```
$sudo vim /etc/default/tftpd-hpa
```

编辑文件：

```
# /etc/default/tftpd-hpa

TFTP_USERNAME="tftp"
TFTP_DIRECTORY="/tftpboot"
TFTP_ADDRESS="0.0.0.0:69"
TFTP_OPTIONS="-l-c-s"
```

然后，创建文件夹"/tftpboot"，修改权限为666（执行：sudo chmod 666 /tftpboot）

③ 手动停止/启动服务，修改配置后必须重新启动服务。

```
$sudo service tftpd-hpa stop
$sudo service tftpd-hpa start
```

重新启动包括tftp在内的网络服务：

```
$sudo service tftpd-hpa restart
```

④ 需要烧写到平板的相应的镜像拷贝到虚拟机的"/tftpboot"目录下即可。

（3）配置NFS

实际工作中，我们经常使用NFS方式挂载系统，这种方式对于系统的调试非常方便。

NFS方式是开发板通过NFS挂载放在主机（PC）上的根文件系统。此时在主机在文件系统中进行的操作同步反映在开发板上；反之，在开发板上进行的操作同步反映在主机中的根文件系统上。

① 安装NFS。

```
$sudoapt-getinstallnfs-kernel-server
```

② 配置/etc/exports。

NFS 允许挂载的目录及权限在文件/etc/exports 中进行了定义。例如，我们要将/source/rootfs 目录共享出来，那么需要在/etc/exports 文件末尾添加如下一行：

/source/rootfs*(rw,sync,no_root_squash,no_subtree_check)

其中，/source/rootfs 是要共享的目录，*代表允许所有的网络段访问，rw 是可读写权限，sync 是资料同步写入内存和硬盘，no_root_squash 是 NFS 客户端分享目录使用者的权限，如果客户端使用的是 root 用户，那么对于该共享目录而言，该客户端就具有 root 权限。

③ 重启服务。

$sudo/etc/init.d/portmaprestart
$sudo/etc/init.d/nfs-kernel-serverrestart

重启服务成功如图 2-75 所示。

图 2-75　重启 NFS 服务

2. Android 4.0 环境配置

Android 系统的下载与编译，Google 的官方网站上已经给出了详细的说明，请参照 Android 的官方网址：http://source.android.com/source/index.html。

准备工作如下：

（1）硬件环境

足够快的 PC，如果有条件，最好是使用实体 PC；

内存最少 1 GB，硬盘最少要 30 GB。

注意：也可以使用 VMware 或 VirtualBox 等虚拟机软件，但是编译速度太慢，至于内存，如果小于 1 GB，在编译系统时可能会出错。

（2）软件环境

Google 官网建议使用 Ubuntu 10.04 作为编译主机，所以我们使用 Ubuntu 10.04 作为编译主机系统。

由于 Android 系统里代码大部分是由 Java 语言写的，所以必然要安装 JDK。对于不同的版本，对 JDK 的版本有不同的要求。JDK 的位置为 jdk\jdk-6u29-linux-x64.bin。

（3）JDK 安装步骤（推荐）

安装 dk\jdk-6u29-linux-x64.bin，jdk-6u29-linux-x64.bin 是 JDK 1.6 版。JDK 是编译 Android 必需的工具。

在自己的虚拟机中建立文件夹来安装 JDK，例如 fs100。把光盘中"工具相关\jdk\jdk-6u29-linux-x64.bin"复制到 fs100 目录下，然后执行：

$sudo ./jdk-6u29-linux-x64.bin

按照提示安装即可。

配置环境变量：

```
$vim /etc/environment
```
添加内容如图 2-76 框中所示。

```
linux@ubuntu: ~/fspad-702/lichee/buildroot/output/external-toolchain/bin
File Edit View Terminal Help
1 PATH="/home/linux/arm-2009q3/bin:/home/linux/fs100/jdk1.6.0_29/bin:/usr/local/sbin:/usr/local/bin:/usr/sbin:/usr/bin:/sbin:/bin:/usr/games"
2 CLASSPATH=".:/home/linux/fs100/jdk1.6.0_29/lib"
3 JAVA_HOME="/home/linux/fs100/jdk1.6.0_29/"
```

图 2-76 配置环境变量

最后，让配置生效，执行 source /etc/environment，到此 JDK 就安装完成了。

同时也可以在官网自行下载安装：

```
$sudo add-apt-repository "deb http://archive.canonical.com/ lucid partner"
$sudo apt-get update
$sudo apt-get install sun-java6-jdk
```

也可以直接从网站上下载：http://java.sun.com/javase/downloads6。

（4）安装编译时依赖的工具包

```
$ sudo apt-get install git-core gnupg flex bison gperf build-essential \
  zip curl zlib1g-dev libc6-dev lib32ncurses5-dev ia32-libs \
  x11proto-core-dev libx11-dev lib32readline5-dev lib32z-dev \
  libgl1-mesa-dev g++-multilib mingw32 tofrodos python-markdown \
  libxml2-utils xsltproc
```

同样也可以参考官网：http://source.android.com/source/initializing.html 进行相应的操作。

3. 代码准备

注意：为避免路径问题，最好在 ubuntu 系统中的 home 目录下建立名称为 androidwork 的目录，如/home/linux/androidwork，然后将相应的源码复制到此目录下即可。

（1）内核和 u-boot 源码

复制光盘[①]"源码\lichee_v1.4.tar.gz"到虚拟经机中，并解压：

```
$tar xvf lichee_v1.4.tar.gz
```

生成目录 lichee。

（2）Android 4.0 源码

复制光盘"源码\android4.0_v1.6.tar.gz"到虚拟经机中，并解压：

```
$sudo tar xvf android4.0_v1.6.tar.gz .
```

生成目录 "android4.0"。

4. 编译源码

（1）编译内核和 u-boot 源码

进入目录 "lichee" 下，执行：

注意：编译用的工具链已经集成在源码中，具体路径在：lichee/buildroot/output/external-toolchain/bin/*。

[①] 光盘指 FSPAD_702 光盘。

```
$ ./build.sh -p a13_nuclear -k 3.0
```

提示：也可以直接执行 make.sh 脚本，不用每次编译都敲上面的命令，如图 2-77 所示。

图 2-77　编译 u-boot 内核

注意：如果在编译时 mkimage 命令找不到则将 lichee/u-boot/tools/目录下的 mkimage 复制到 "/sbin" 目录下，如图 2-78 所示，再重新编译，在 lichee/目录下执行：

```
$./build.sh -p a13_nuclear -k 3.0
```

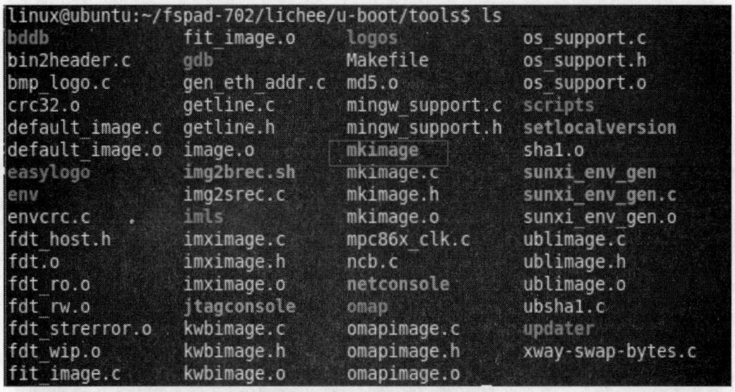

图 2-78　编译目录

编译完成后如图 2-79 所示显示。

图 2-79　编译成功显示

注意：生成的 boot.img 在 lichee/linux-3.0/output 目录下。

（2）单独配置和编译内核方法介绍（调试阶段使用）

在 Linux 内核目录 lichee/linux-3.0 下进行如下操作。

注意：工具链接在 lichee/buildroot/output/external-toolchain/bin 目录下。

① 配置内核。

执行图 2-80 所示的命令：

```
$make ARCH=arm CROSS_COMPILE=../buildroot/output/external-toolchain/bin/arm-none-linux-gnueabi- menuconfig
```

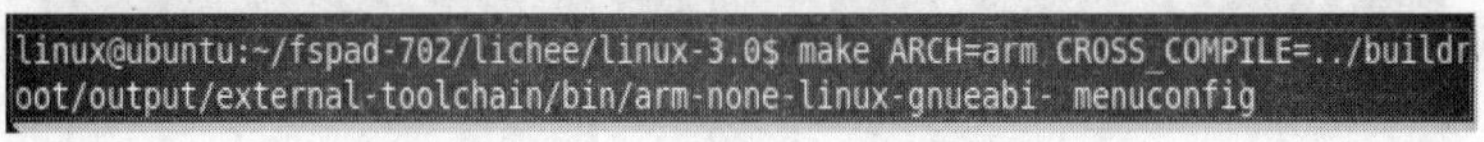

图 2-80　配置内核命令

然后系统会运行显示内核配置界面如图 2-81 所示。

提示：也可以直接执行./mybuild.sh menuconfig 命令，不用每次编译都输入上面的命令。

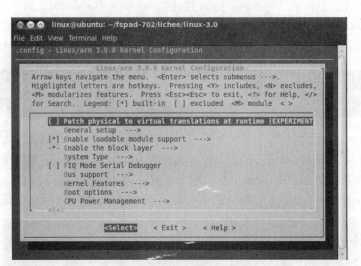

图 2-81 配置内核界面

② 编译 zImage。执行图 2-82 所示的命令：

```
$make ARCH=arm CROSS_COMPILE=../buildroot/output/external-toolchain/bin/arm-none-linux-gnueabi- zImage
```

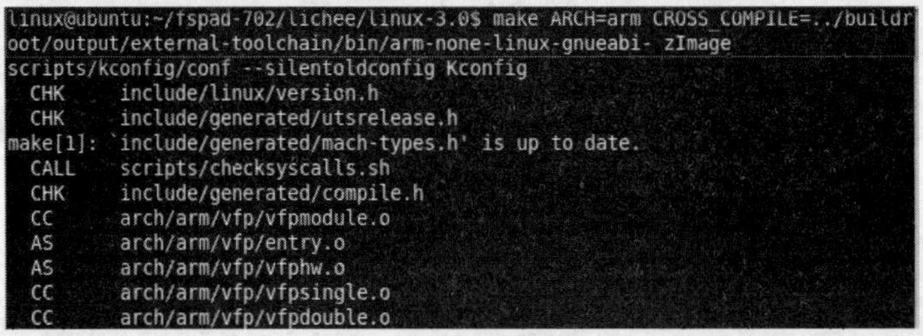

图 2-82 zImage 命令

提示：也可以直接执行 ./mybuild.sh mkbootimg 命令，不用每次编译都敲上面的命令。

③ 编译 uImage。执行图 2-83 所示的命令：

```
$make ARCH=arm CROSS_COMPILE=../buildroot/output/external-toolchain/ bin/arm-none-linux-gnueabi- uImage
```

图 2-83 uImage 命令

④ 编译模块。执行图 2-84 所示的命令：

```
$make ARCH=arm CROSS_COMPILE=../buildroot/output/external-toolchain/ bin/arm-none-linux-gnueabi- modules
```

图 2-84　配置交叉编译器命令

⑤ 查看 make 的帮助。执行图 2-85 所示的命令：

```
$make   ARCH=arm   CROSS_COMPILE=../buildroot/output/external-toolchain/bin/arm-none-linux-gnueabi- help
```

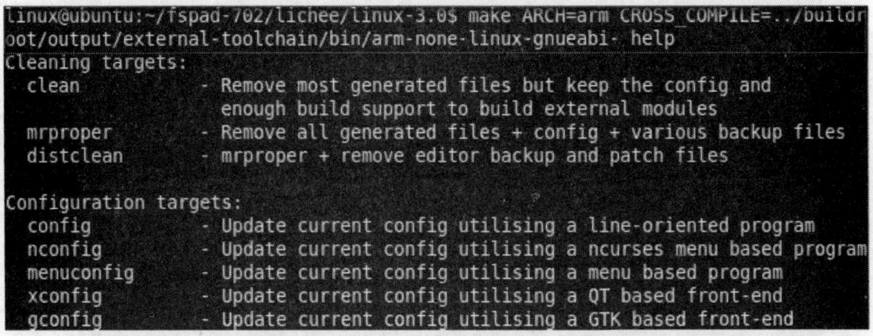

图 2-85　交叉编译器帮助命令

（3）编译 Android 4.0 源码并生成最终镜像

① 导出相关的命令。执行图 2-86 所示的命令：

```
$source  ./build/envsetup.sh
```

图 2-86　导入环境变量命令

② 添加产品的相应的配置，选择相应的产品。执行图 2-87 所示的命令：

```
$lunch
```

第 2 章　Android 源码开发环境搭建

53

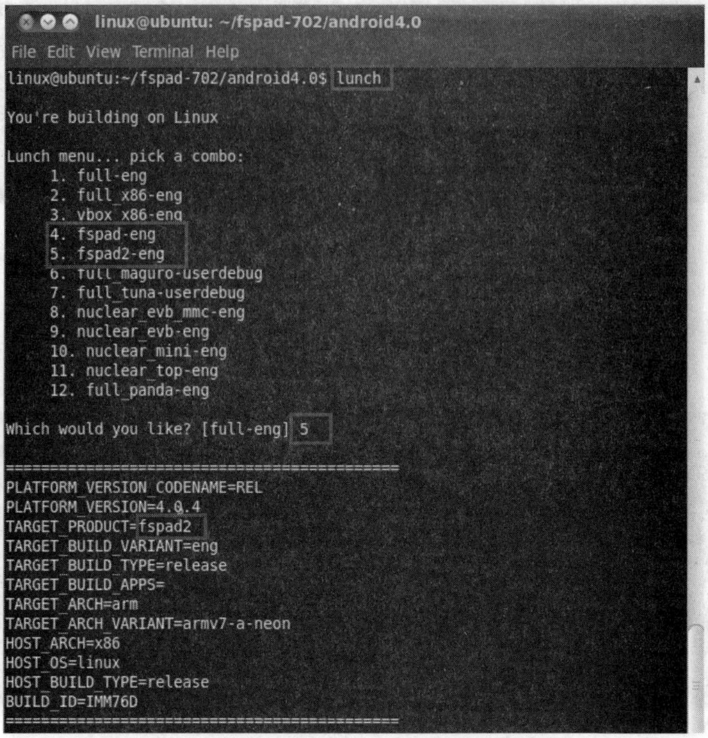

图 2-87 显示编译目标命令

③ 编译 Android 系统。执行图 2-88 所示的命令：

```
$make -j2
```

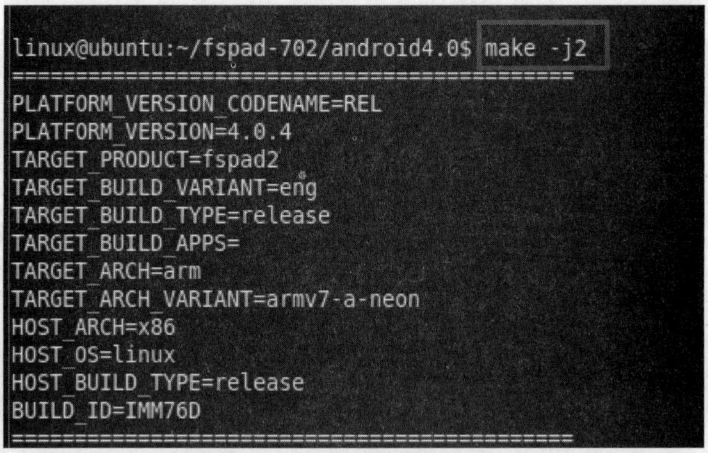

图 2-88 带内核参数编译命令

注意：数字 2 表示机器所支持的线程数目，用户可以根据自己的主机所支持的线程数目来调整此参数，如果编译时所用的线程数目多，则可以使编译的速度加快。

编译完成如图 2-89 所示。

```
make_ext4fs -s -l 536870912 -a system out/target/product/fspad/obj/PACKAGING/sys
temimage_intermediates/system.img out/target/product/fspad/system
Creating filesystem with parameters:
    Size: 536870912
    Block size: 4096
    Blocks per group: 32768
    Inodes per group: 8192
    Inode size: 256
    Journal blocks: 2048
    Label:
    Blocks: 131072
    Block groups: 4
    Reserved block group size: 31
Created filesystem with 1288/32768 inodes and 69017/131072 blocks
Install system fs image: out/target/product/fspad/system.img
out/target/product/fspad/system.img+out/target/product/fspad/obj/PACKAGING/recov
ery_patch_intermediates/recovery_from_boot.p total size is 277084099
linux@ubuntu:~/fspad-702/android4.0$
```

图 2-89　编译成功界面

注意：如果在编译 android4.0 源码时出现图 2-90 所示现象。

```
target Dex: android.core.tests.libcore.package.sun.no-core-tests-res
target Dex: android.core.tests.libcore.package.tests.no-core-tests-res
make: *** [out/target/common/obj/APPS/android.core.tests.libcore.package.com.no-core-tests-res_intermediates/noproguard.classes-with-local.dex] Killed
make: *** Waiting for unfinished jobs....
linux@ubuntu:~/fspad-702/android4.0$ cd out/
```

图 2-90　编译失败界面

这时，不用担心，是因为在编译应用程序时可能有依赖关系。只要再次重新编译 Android 4.0 即可，在 android4.0 顶级目录下依次输入操作命令：

```
source ./build/envsetup.sh
lunch 4
make -j2
```

注意：如果在编译过程中出现异常问题，建议在 android4.0 顶级目录下执行 make clean 清理一下（或删掉 android4.0 顶级目录下的 out 目录），再次按照编译步骤重新编译 android4.0 即可。

④ 打包生成最终可烧写文件。执行图 2-91 所示的命令：

```
$pack
```

```
linux@ubuntu: ~/fspad-702/android4.0
File Edit View Terminal Help
linux@ubuntu:~/fspad-702/android4.0$
linux@ubuntu:~/fspad-702/android4.0$ pack
!!!Packing for crane!!!
`chips/sun5i/configs/android/default/env_mmc.cfg' -> `out/env_mmc.c
`chips/sun5i/configs/android/default/env_nand.cfg' -> `out/env_nand
`chips/sun5i/configs/android/default/image.cfg' -> `out/image.cfg'
`chips/sun5i/configs/android/a13-top/sys_config1.fex' -> `out/sys_c
`chips/sun5i/configs/android/a13-top/sys_config.fex' -> `out/sys_co
`chips/sun5i/configs/android/a13-top/复件 sys_config1.fex' -> `out/
`eFex/split_xxxx.fex' -> `out/split_xxxx.fex'
`eFex/card/mbr.fex' -> `out/mbr.fex'
`eGon/storage_media/nand/boot0.bin' -> `out/boot0.bin'
`eGon/storage_media/nand/boot1.bin' -> `out/boot1.bin'
`wboot/bootfs' -> `out/bootfs'
`wboot/bootfs/boot.ini' -> `out/bootfs/boot.ini'
```

图 2-91　pack 打包命令运行界面

完成后如图 2-92 所示。

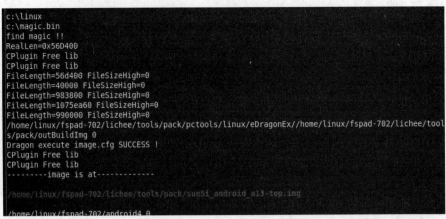

图 2-92　pack 命令执行成功界面

注意：按照红字提示的路径找到镜像 sun5i_android_a13-top.img。sun5i_android_a13-top.img 已经包含最新的 u-boot、内核和文件系统镜像等内容。

编译结果：

　　bootloader 相关文件为 lichee/tools/pack/out/bootloader.fex（仅限调试阶段使用）。

　　boot.img 文件：android4.0/target/product/nuclear-top/boot.img。

　　ramdisk.img 文件：android4.0/target/product/nuclear-top/ramdisk.img。

　　system.img 文件：android4.0/target/product/nuclear-top/system.img。

　　user data 文件：android4.0/target/product/nuclear-top/userdata.img。

总体烧写镜像为 lichee/tools/pack/sun5i_android_a13-top.img（包含 u-boot、内核、文件系统等内容，推荐烧写此镜像）。

⑤ 快速编译脚本使用说明。上述编译命令是官方标准编译过程，有些命令编译时间比较长，有些命令参数比较多，为了提高开发效率，我们自己实现了一些脚本文件，这些脚本文件可以快速地帮我们实现编译。

Linux 内核编译帮助脚本 mybuild.sh：

@/home/linux/androidwork/lichee/linux-3.0/mybuild.sh。

使用方式：

```
$cd /home/linux/androidwork/lichee/linux-3.0
```

● 配置内核。

```
$./mybuild.sh menuconfig
```

● 编译内核。

```
$./mybuild.sh mkkernel
```

● 将内核文件 kernel 和 ramdisk.img 镜像打包生成 boot.img。

```
$./mybuild.sh pack
```

● 编译内核，并且生成 bootimg（保证 Android 系统已经编译完）。

```
$./mybuild.sh mkbootimg
```

Android 文件系统镜像编译。如果编译生成 Android 文件系统镜像可以直接使用官方 make

命令：

```
$cd /home/linux/androidwork/android4.0
$source build/envsetup.sh
$lunch 选择编译目标平台
```

- 编译 android 文件系统。

```
$make
```

- 单独编译 ramdisk.img。

```
$make ramdisk
```

- 打包 system 文件系统。

```
$make snod
```

- 单独编译某个模块或程序。

```
$mmm 模块目录（带有 Android.mk 文件）
```

上述编译镜像方式要么耗时比较长，要么操作不方便，我们修改了脚本来简化编译过程。

- 完全编译 bootloader、kernel、android 文件系统，并且生成整体烧写镜像。

```
$mkall
```

- 快速编译 ramdisk.img 并且将 lichee/linux-3.0/vmlinux 内核打包生成 boot.img。

```
$mkbootimg
```

- 快速 system 文件系统。

```
$mksnod
```

小　结

本章主要讲解了 Android 源码开发环境地搭建过程，主要包括主机虚拟机地搭建，Linux 编译环境地构建，Android SDK 开发环境地构建，以及如何下载并编译 Android 源码和 Android 模拟器的定制。

通过本章节学习，读者能够了解 Android 源码的目录架构，能熟练地使用各种工具构建 Android 源码的编译环境和应用程序开发环境。

习　题

1. VMware 软件可以虚拟一个和宿主机并列运行的客户机，是不是就是说宿主机不开机，客户机也能运行？

2. 如果格式化了客户机里的磁盘，会不会对宿主机磁盘有影响？

3. 如何设置在宿主机与客户机之间的文件共享，假如安装 Ubuntu 客户机，在 Ubuntu 中如何访问宿主的共享目录？

4. 如何为虚拟客户机设置内存大小？

5. 假如现在 VMware 里有一个客户机，在宿主机可以上网的前提下，想让客户机也能访问互联网，有几种网络设置方式？如果在宿主机里搭建一个测试用 FTP 服务器，宿主机外的其他主机访问，应该使用哪种网络设置方式？

6. 为什么 Android 的编译环境要安装 JDK？针对不同的 Android 版本是否对 JDK 版本有不同要求？

7. 在安装 JDK 的时候为什么要设置环境变量？

8. 当执行 repo 脚本时，提示 Permisson denied 错误信息，这是为什么？

9. Git 工具的作用是什么？谁会用到 Git？

10. 下载新版本的 Android 源码如何操作？

Android 系统的启动

本章节主要介绍 Android 系统从 init 进程启动到 Android 的桌面启动的全部过程。

学习目标：
- 了解 Android init 进程启动。
- 了解 Android 本地守护进程启动。
- 熟悉 Zygote 进程的启动及 SystemServer 进程的创建。
- 熟悉 Android 系统服务的启动过程。
- 掌握定制 Android 桌面 HOME 的方法。

3.1 Android init 进程启动

Linux 被 bootloader 加载到内存之后开始运行，在初始化完 Linux 运行环境之后，挂载 ramdisk.img 根文件系统映像，运行其中的 init 程序（在 Android 系统的根目录下），这也是 Linux 的第一个用户程序，其 pid 为 1。init 进程对于整个系统的启动和运行有着重要的意义，对 Android 系统的启动过程分析就从 init 进程开始，如图 3-1 所示。

图 3-1 Android 根文件系统中的 init 进程

init 进程对应的代码在 Android 源码目录中的 system/core/init/init.c 文件中。
在 Android 4.0 的 init.c 代码中，init 进程主要完成四大功能。

1. 解析 init.rc 及 init.{hardware}.rc 初始化脚本文件

Android 里引入了 Android 初始化脚本语言，来完成 Android 系统关键进程和服务的启动，详细内容在 3.2 节进行介绍。

2. 监听 keychord 组合按键事件

Keychord 表示 Android 设备的组合按键，当几个组合按键被按下时，代表一个标准键盘输入。

3. 监听属性服务

属性服务（Property Service）好比如 Windows 下的注册表，是系统定义的一系列的 key-value 键值对，这些属性影响系统的工作机制或功能，例如：设置 persist.service.adb.enable=0 表示手机关闭 adb 调试桥，不能对应用程序进行调试。

4. 监听并处理子进程死亡事件

一个子进程的死亡通常由其父进程为其"收尸"，如果子进程的父进程提前结束了，这个子进程就变成一个孤儿进程，由 init 进程监管，当该子进程结束时，父进程要通过 wait 系统调用为其"收尸"（其实就是响应 SIGCHLD 信号）。

注：Android 4.0 代码里对设备结点的监听处理交给了 uevent 服务，后面章节会介绍。

下面依次进行分析介绍。

Android 初始化语言包含四种类型的声明：Actions（行为）、Commands（命令）、Services（服务）和 Options（选项），这些类型有以下特点：

所有这些都是以行为单位的，各种记号由空格来隔开；语言风格的反斜杠号可用于在记号间插入空格；双引号也可用于防止字符串被空格分割成多个记号；行末的反斜杠用于折行，注释行以井号（#）开头（允许以空格开头）；Actions 和 Services 的声明表示一个新的分组 Section。所有的 Commands 或 Options 都属于最近声明的 Actions 或 Services；位于第一个分组之前的 Commands 或 Options 将会被忽略；Actions 和 Services 有唯一的名字。如果有重名的情况，第二个申明的将会被作为错误忽略。

1. Actions（行为）

Actions 其实就是一个 Commands（命令）序列。每个 Actions 都有一个 trigger（触发器），它被用于决定 action 的执行时间。当一个符合 action 触发条件的事件发生时，action 会被加入到执行队列的末尾，除非它已经在队列里了。

队列中的每一个 action 都被依次提取出，而这个 action 中的每个 command（命令）都将被依次执行。

Actions 的形式如下：

```
on<trigger>
<command1>
<command2>
<command3>
```

on 后面跟着一个触发器，当 trigger 被触发时，command1、command2、command3 会依次执行，直到下一个 Action 或下一个 Service。简单来说，Actions 就是 Android 在启动时定义的一个启动脚本，当条件满足时，会执行该脚本，脚本里都是一些命令，不同的脚本用 on 来区分。

2. Triggers（触发器）

Triggers（触发器）是一个用于匹配特定事件类型的字符串，用于使 Actions 发生。触发器的形式如下：

（1）命名触发器：如 boot，这是 init 执行后的第一个被触发的 Triggers（触发器）。

（2）属性触发器：<key>=<value>。这种形式的 Triggers（触发器）会在属性<key>被设置为指定的<value>时被触发。

（3）设备变化触发器：device-added-<path>、device-removed-<path>。这种形式的 Triggers（触发器）会在一个设备结点文件被增删时触发。

（4）服务退出触发器：service-exited-<name>。这种形式的 Triggers（触发器）会在一个特定的服务退出时触发。触发器通常和 on 联合使用。

```
on early-init
    start ueventd
on init
sysclktz 0
loglevel 3
# setup the global environment
    export PATH /sbin:/vendor/bin:/system/sbin:/system/bin:/system/xbin
    export LD_LIBRARY_PATH /vendor/lib:/system/lib
    export ANDROID_BOOTLOGO 1
    export ANDROID_ROOT /system
    export ANDROID_ASSETS /system/app
    export ANDROID_DATA /data
export EXTERNAL_STORAGE /mnt/sdcard
…
on boot
# basic network init
    ifup lo
    hostname localhost
    domainname localdomain
# set RLIMIT_NICE to allow priorities from 19 to -20
    setrlimit 13 40 40
# Define the oom_adj values for the classes of processes that can be
# killed by the kernel.  These are used in ActivityManagerService.
    setprop ro.FOREGROUND_APP_ADJ 0
    setprop ro.VISIBLE_APP_ADJ 1
    setprop ro.PERCEPTIBLE_APP_ADJ 2
    setprop ro.HEAVY_WEIGHT_APP_ADJ 3
    setprop ro.SECONDARY_SERVER_ADJ 4
    setprop ro.BACKUP_APP_ADJ 5
    setprop ro.HOME_APP_ADJ 6
    setprop ro.HIDDEN_APP_MIN_ADJ 7
    setprop ro.EMPTY_APP_ADJ 15
…
on property:ro.secure=0
    start console
# adbd on at boot in emulator
on property:ro.kernel.qemu=1
```

```
    start adbd
on property:persist.service.adb.enable=1
    start adbd
on property:persist.service.adb.enable=0
    stop adbd
```

上面声明了 7 个 action，包括 early-init、init、boot 等，以 on init 为例，当每个 init action 被触发时，会顺序执行它后面的命令，直到其后面的 onboot。init 的触发是由 init.c 里的函数 action_for_each_trigger 来执行的。再比如当属性触发器 ro.kernel.qemu 为 1 时，会触发执行 start adbd 命令，开启 adbd 服务。

3. Commands（命令）

Action 后面是一系列命令，主要有以下常用命令，如表 3-1 所示。

表 3-1　Action 命令

命　令	说　明
sysclktz <mins_west_of_gmt>	设置系统时钟基准（0 代表以格林威治平均时（GMT）为准）
exec <path> [<argument>]*	创建和执行一个程序（<path>）。在程序完全执行前，init 将会阻塞
export <name><value>	在全局环境变量中设在环境变量<name>为<value>，所有在这命令之后运行的进程所继承
ifup <interface>	启动网络接口<interface>
import <filename>	导入一个 init 配置文件
hostname <name>	设置主机名
chmod <octal-mode><path>	更改文件访问权限
chown <owner><group><path>	更改文件的所有者和组
class_start <serviceclass>	启动所有指定服务类别下的未运行服务
class_stop <serviceclass>	停止指定服务类下的所有已运行的服务
domainname <name>	设置域名
insmod <path>	加载<path>中的模块
mkdir <path> [mode] [owner] [group]	创建一个目录<path>，可以选择性地指定 mode、owner 及 group。如果没有指定，默认的权限为 755，并属于 root 用户和 root 组
mount <type><device><dir> [<mountoption>]*	试图在目录<dir>挂载指定的设备。<device>可以是以 mtd@name 的形式指定一个 mtd 块设备。<mountoption>包括 "ro"、"rw"、"remount"、"noatime"
setprop <name><value>	设置系统属性<name>为<value>值
setrlimit <resource><cur><max>	设置<resource>的 rlimit（资源限制）
start <service>	启动指定服务（如果此服务还未运行）
stop <service>	停止指定服务（如果此服务在运行中）
symlink <target><path>	创建一个指向<path>的软连接<target>
trigger <event>	触发一个事件
write <path><string> [<string>]*	打开路径为<path>的一个文件，并写入一个或多个字符串

4. Services（服务）

Services（服务）其实就是一个程序，一个本地守护进程，它被 init 进程启动，并在退出时可选择让其重启。Services（服务）的形式如下：

```
service <name><pathname> [ <argument> ]*
<option>
<option>
...
name：服务名
pathname：当前服务对应的程序位置
option：当前服务设置的选项
```

5. Options（选项）

Options（选项）是一个 Services（服务）的属性，决定了 Services 的运行机制，状态和功能。它们影响 Services（服务）在何时，并以何种方式运行，表 3-2 列出了 Option 选项的说明。

表 3-2　Option 选项

Service Options	说　　明
critical	说明这是一个对于设备关键的服务。如果其 4 min 内退出大于四次，系统将会重启并进入 recovery（恢复）模式
disabled	说明这个服务不会与同一个 trigger（触发器）下的服务自动启动。其必须被明确地按名启动
setenv <name><value>	在进程启动时将环境变量<name>设置为<value>
socket <name><type><perm> [<user> [<group>]]	创建一个 UINX 域的名为/dev/socket/<name>的套接字，并传递它的文件描述符给已启动的进程。<type>必须是 "dgram" 或 "stream"。User 和 group 默认为 0
user <username>	在启动这个服务前改变该服务的用户名。此时默认为 root（有可能的话应该默认为 nobody）。当前，如果你的进程要求 Linux capabilities 安全机制。即使是 root，也可能无法使用该命令，必须在程序中请求操作的权限，然后将权限分配到想要的 uid 上。
group <groupname> [<groupname>]*	在启动这个服务前改变该服务的组名。除了必需的第一个组名，附加的组名通常被用于设置进程的补充组（通过 setgroups()）。此时默认为 root
oneshot	服务仅运行一次，退出时不重启
class <name>	指定一个 Service 类别，name 为类别名。所有同一类的服务可以同时启动和停止。如果 Service 没有显式的指定类别，则默认为 "default"服务
onrestart	当服务重启，执行后面的命令

6. Android 4.0 中 init.rc 分析

在 Android 4.0 的 init.rc 中，定义了以下 Actions，表 3-3 列出了各 Action 的功能。

表 3-3 init.rc 中的 Actions

Action	功能
early-init	在所有 Action 中最先启动,用于启动 ueventd
init	导出必要的环境变量、构建根文件系统的目录结构,配置内核属性等一些和 Android 系统初始化相关内容
fs	挂载 Android 的文件系统,主要挂载 system.img 和 userdata.img 映像
post-fs	该 Action 会在文件系统挂载完毕之后触发运行,将根文件系统挂载为只读,用于保护系统文件,修改文件或目录访问权限等
boot	配置网络及系统进程的运行优先级,用于内存管理,修改系统服务和守护进程的访问权限,启动所有的默认 Service
property:ro.secure=0	属性触发器 Action,当属性 ro.secure 值为 0 时触发执行,用于在非安全系统模式下启动 console 终端
property:ro.kernel.qemu=1	属性触发器 Action,当属性 ro.kernel.qemu 值为 1 时触发执行,用于运行在模拟时开启 adbd 调试桥服务端
property:persist.service.adb.enable	属性触发器 Action,用于控制 adbd 调试桥服务端

除了上述在 init.rc 里显式定义的 Action,在 system/core/init/init.c 中还定义了一些内建 Action,表 3-4 列出了内建 Action 的功能。

表 3-4 init.rc 中的内建 Actions

Action	功能
wait_for_coldboot_done	用于等待机器冷启动完毕
property_init	初始化属性存储区及加载配置文件中的属性
keychord_init	初始化组合键服务
console_init	初始化 console 终端
set_init_properties	设备 property 的一些初始值
property_service_init	初始化属性服务
signal_init	init 进程信号处理初始化
check_startup	检测属性服务及信号处理已经就绪
queue_propety_triggers	将所有属性触发 Action 添加到 Action 列表中等待运行
* bootchart_init	根据内核配置决定是否会运行,bootchart 是 Linux 启动过程性能分析工具

上述 Action 依次被 init 进程解释,放到 action_list 链表里,每个 action_list 结点都有一个 commands 链表存储所有 Command,init 进程从 action_list 依次触发每一个 action,该 action 里的 commands 里的命令依次被执行,init.rc 中所有 Actions 如图 3-2 所示。

图 3-2 中 queue_property_triggers 触发属性 Actions,即 on property:xxx=xxx 形式的 Action。

boot 是最后一个被执行的 Action,在 boot 的 commands 链表里,最后一个命令是 class_start default,该命令用于启动所有未设置 class 分类的 Service。

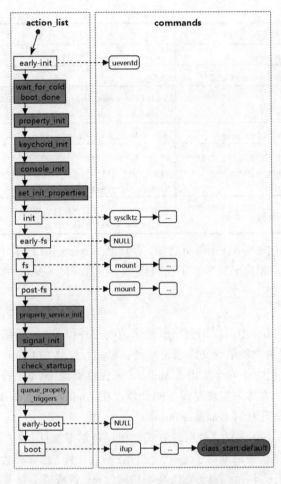

图 3-2　init.rc 中 Actions 的执行流程

3.2　Android 本地守护进程

由上节可知，最后一个 Action boot 的最后一个 Command 为 class_start default，用来启动所有 class 为 default 的 Service，其实在 init.rc 里定义的 Service 的 class 类别都没有定义，都使用默认设置，这也意味着所有的 Service 都会被 class_start default 命令启动，表 3-5 列出了 Android 中的一些主要 Service。

表 3-5　Android 中的 Service

Service	对应程序	参　数
ueventd	/sbin/ueventd	critical
console	/system/bin/sh	console，disabled，user shell，group log
adbd	/sbin/adbd	disabled
servicemanager	/system/bin/servicemanager	user system，critical，onrestart restart zygote，onrestart restart media
vold	/system/bin/vold	socket vold stream 0660 root mount，ioprio be 2

续表

Service	对应程序	参　数
netd	/system/bin/netd	socket netd stream 0660 root system
debuggerd	/system/bin/debuggerd	无
ril-daemon	/system/bin/rild	socket rild stream 660 root radio，socket rild-debug stream 660 radio system，user root，group radio cache inet misc audio sdcard_rw
surfaceflinger	/system/bin/surfaceflinger	user system，critical，onrestart restart zygote，onrestart restart media
zygote	/system/bin/app_process –Xzygote /system/bin --zygote--start-system-server	socket zygote stream 666，onrestart write /sys/android_power/request_state wake，onrestart write /sys/power/state on，onrestart restart media，onrestart restart netd
media	/system/bin/mediaserver	user media　　　　group system audio camera graphics inet net_bt net_bt_admin net_rawioprio rt 4

init 进程将 init.rc 中的 Services 解析之后，存放到 service_list 链表中，service 运行时会按照参数（Option）来启动相应的服务，下面我们将一些重要的 Service 单独进行介绍。

3.2.1　ueventd 进程

与 Linux 相同，Android 中的应用程序驱动来访问硬件设备。设备结点文件是设备驱动的逻辑文件，应用程序使用设备结点文件来访问设备驱动程序。在 Linux 中，使用 mknod 命令来创建设备结点文件，但出于安全考虑，Android 未提供类似 mknod 的命令，而是使用了类似 Linux 系统中的 udev 方式来实现对设备的管理，在 Android 中类似 udev 功能的进程称为 ueventd 守护进程，其源码为 system/core/init/devices.c。

在 Android 系统中，init 进程通过两种方式创建设备结点文件：第一种，以预先定义的设备信息为基础，当 init 进程被启动时，统一创建设备结点文件，通常称为 Cold Plug（冷插拔）。第二种，在系统运行中，当有设备插入 USB 端口时，init 进程就会接收到这一事件，动态地为新插入设备创建设备结点文件，这种方式通常称为 Hot Plug（热插拔）。这两种方式都由 ueventd 实现。

在 Android 系统中，Cold Plug 方式是通过事先定义好各驱动程序所需的设备结点文件，这些定义的设备结点信息保存在 Android 根文件系统中的/ueventd.rc 中。

```
/dev/null                 0666    root        root
/dev/zero                 0666    root        root
/dev/full                 0666    root        root
/dev/ptmx                 0666    root        root
/dev/tty                  0666    root        root
/dev/random               0666    root        root
/dev/urandom              0666    root        root
/dev/ashmem               0666    root        root
/dev/binder               0666    root        root

# logger should be world writable (for logging) but not readable
/dev/log/*                0662    root        log
# the msm hw3d client device node is world writable/readable.
/dev/msm_hw3dc            0666    root        root
# gpu driver for adreno200 is globally accessible
```

```
/dev/kgsl                        0666    root    root
# these should not be world writable
/dev/diag                        0660    radio   radio
/dev/diag_arm9                   0660    radio   radio
/dev/android_adb                 0660    adb     adb
/dev/android_adb_enable          0660    adb     adb
```

第一列定义了设备文件名,第二列定义了设备文件的访问权限,第三、四列定义了设备文件的用户、组名。该脚本由 ueventd 守护进程解释执行,因此,如果用户自己编写了驱动程序想让系统帮我们创建设备结点,可以在 ueventd.rc 中添加对应的设备信息即可。

对于 Hot Plug 的实现,则要依赖于内核的实现。当设备被插入时,内核就会加载则需要与该设备相关的驱动程序,而后设备驱动通过 device_create 将设备信息写入到 sysfs 文件系统中,然后内核发出 uevent 事件。而 ueventd 守护进程就用来等待接收 uevent 事件,然后读取 sysfs 里的设备信息,自动创建设备结点,如图 3-3 所示。

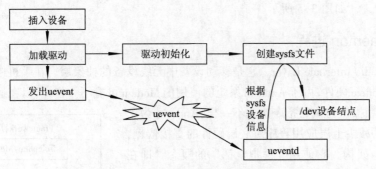

图 3-3　ueventd 创建设备结点文件

3.2.2　adbd 进程

adbd 进程是 adb 调试桥的服务器端,它的实现在 system/core/adb 目录下,当在 ecilpse 开发环境里调试程序时,在移动设备里必须运行 adbd 守护进程,两者通过 Socket 进行通信,如图 3-4 所示。

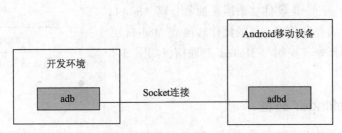

图 3-4　adb 调试示意图

3.2.3　servicemanager 进程

servicemanager 即服务管理器,是整个 Android 系统里服务的"大总管",它用来管理 Android 系统所提供的各种服务 Service(这个服务并非 init.rc 中定义的 Service),如 ActivityManagerService、PowerManagerService、PackageManagerService 等,这些 Android 服务

用于为用户程序提供功能，而 servicemanager 则用于管理这些服务的注册、查找、检查等操作，对 Android 系统的运行环境有着至关重要的作用，它的源码在 frameworks/base/cmds/servicemanager/目录下。

3.2.4 vold 进程

vold（volume daemon）负责完成系统的 CDROM、USB 大容量存储设备、MMC 卡等扩展存储器的插拔、挂载、卸载、格式化等任务的守护进程。

在 Android 系统中和 vold 联系最密切的是框架层的 MountService，一方面，vold 接收来自 Linux 内核的 ueventd 消息，并将其转发给 MountService，而后 MountService 将具体对外部存储设备的操作发送给 vold，让 vold 做出最终的挂载、卸载、格式化等处理，如图 3-5 所示。

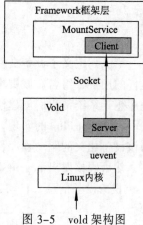

图 3-5　vold 架构图

3.2.5 ril-daemon 进程

RIL 即 Radio Interface Layer，它是移动设备中无线设备的抽象层，在手机中实现通信功能必须使用 Modem 硬件，由于 Android 系统的使用的 Modem 可能不一样，所以在通信时 Modem 的初始化序列和操作的执行指令格式不一样，Android 为了消除这些差异，减少上层应用程序对底层硬件的直接依赖，设计出了 RIL 架构，它使用"虚拟电话"的概念，即在 Framework 层为应用层提供的 API 是一些抽象接口，而对于这些 API 的实际操作，则交给 Rild，即 ril-daemon 守护进程实现。Rild 起到了手机通信的翻译官的作用。

在 Framework 层和应用程序直接打交道的是 TelephonyManager，它和本地守护进程 Rild 通过 Socket 通信，将应用程序的操作（打电话、信息、GPRS 等）交给 Rild 来实现，rild 通过 ril 硬件抽象层来抽象分离 Android 和 Modem 硬件的耦合度，将上层的操作转换成 Modem 可识别的语言：AT 指令，控制与 Modem 的通信，如图 3-6 所示。

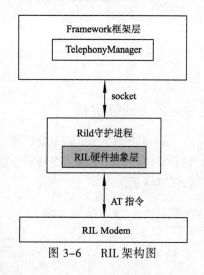

图 3-6　RIL 架构图

3.2.6 surfaceflinger 进程

在 Android 系统中任何在屏幕上显示的界面都要经过 Surfaceflinger 的整合，它是 Android 系统的显示核心处理单元。

在 Android 中，不论是二维图像，还是 3D 的图像都要在一个 Surface 上绘制，Surface 就好像是一个画布，让应用程序尽情在上面表现，又由于在手机屏幕上同一时间可能有显示两个应用程序的界面，所以屏幕上显示的界面要经过一个"整合器"，整合到一个屏幕上显示出来，这个整合器叫作 SurfaceFlinger，最终通过 FrameBuffer 显示出来，如图 3-7 所示。

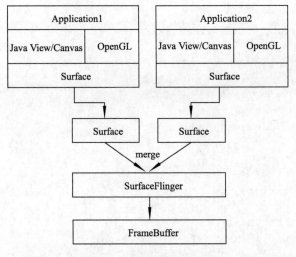

图 3-7　SurfaceFlinger 框架图

3.3　Zygote 守护进程与 system_server 进程

Android 的运行环境和 Java 运行环境有着本质的区别,在 Android 系统中每个应用程序都是一独立的进程,当一个进程死掉时,不会影响其他进程的运行,这能极大地保证 Android 系统的稳定。Zygote 守护进程的启动是 Android 运行环境启动的开始阶段,Zygote 进程通过 Linux 系统特有的 Fork 机制分裂克隆出完全相同的运行环境,所有的 Android 应用程序都是 Zygote 进程的子进程,system_server 进程作为 Zygote 进程的嫡长子进程,对 Android 系统服务又有着重要意义,本节内容是我们研究 Android 系统启动的开始,让我们从 Zygote 守护进程的启动开始分析吧。

3.3.1　Zygote 守护进程的启动

在 init.rc 中,通过 init 进程启动了 Zygote 服务:

```
service zygote /system/bin/app_process -Xzygote /system/bin --zygote
--start-system-server
    socket zygote stream 666
……
```

通过上面 init.rc 的代码可知,Zygote 服务对应程序为/system/bin/app_process,服务名为 zygote,参数列表为:-Xzygote /system/bin --zygote --start-system-server。

在启动 Zygote 服务时,在/dev/socket/目录下建立一个 stream socket 文件:zygote,权限为 666。

可以通过下面的命令来查找 Zygote 进程的源码:

```
find ./ -name Android.mk  -exec grep -l app_process {} \;
```

注:find 命令用于查找一个文件,-exec　xxx {}\;表示在前面命令的结果里执行 grep 命令。

由上述命令结果可知,Zygote 进程代码为 frameworks/base/cmds/app_process/app_main.cpp

找到该程序的 main 入口函数：

```cpp
int main(int argc, const char* const argv[])
{
    // These are global variables in ProcessState.cpp
    mArgC = argc;
    mArgV = argv;
    mArgLen = 0;
    for (int i=0; i<argc; i++) {
        mArgLen += strlen(argv[i]) + 1;
    }
    mArgLen--;
    AppRuntime runtime;
    const char *arg;
    const char *argv0;
    argv0 = argv[0];
    // Process command line arguments
    // ignore argv[0]
    argc--;
    argv++;
    // Everything up to '--' or first non '-' arg goes to the vm
    // 在zygote服务的参数列表中: /system/bin-zygote--start-system-server
        // 以"--"和非"-"开头的参数，是dalvik的参数，交给Vm来处理
    int i = runtime.addVmArguments(argc, argv);
    // 找到zygote的目录: /system/bin
    if (i < argc) {
        runtime.mParentDir = argv[i++];
    }
    // 如果接下来的参数是: --zygote --start-system-server 的话，
// 设置argv0= "zygote", startSystemServer= true, 启动 Java VM
    if (i < argc) {
        arg = argv[i++];
        if (0 == strcmp("--zygote", arg)) {
            bool startSystemServer = (i < argc) ?
                strcmp(argv[i], "--start-system-server") == 0 : false;
            setArgv0(argv0, "zygote");
            set_process_name("zygote");
            runtime.start("com.android.internal.os.ZygoteInit",
                startSystemServer);
        } else {
            set_process_name(argv0);
            runtime.mClassName = arg;
            // Remainder of args get passed to startup class main()
            runtime.mArgC = argc-i;
            runtime.mArgV = argv+i;
            LOGV("App process is starting with pid=%d, class=%s.\n",
                getpid(), runtime.getClassName());
            runtime.start();
        }
    } else {
        LOG_ALWAYS_FATAL("app_process: no class name or --zygote supplied.");
```

```
        fprintf(stderr, "Error: no class name or --zygote supplied.\n");
        app_usage();
        return 10;
    }
}
```

根据 service zygote 的参数，启动 Android 运行时环境：

runtime.start("com.android.internal.os.ZygoteInit", startSystemServer)，根据前面的分析可知：startSystemServer = true，runtime 是 AppRuntime 的对象，AppRuntime 是 AndroidRuntime 的子类，如图 3-8 所示。

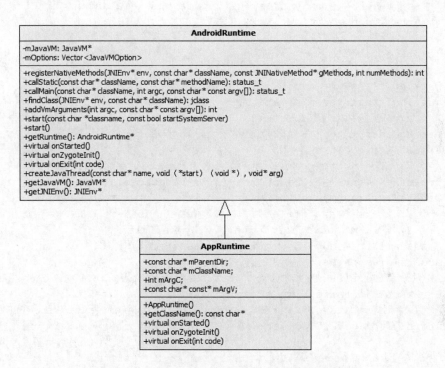

图 3-8　AndroidRuntime 与 AppRuntime 类关系图

由上面类图可知，runtime.start 方法在 AndroidRuntime 里实现：

```
@frameworks/base/core/jni/AndroidRuntime.cpp
void AndroidRuntime::start(const char* className, const bool startSystemServer)
{
        // logcat 里最显眼的字样
    LOGD("\n>>>>>> AndroidRuntime START %s <<<<<<\n",
            className != NULL ? className : "(unknown)");
    char* slashClassName = NULL;
    char* cp;
    JNIEnv* env;
// 启动 Dalvik 虚拟机，在 AndroidRuntime::startVm 方法中，设置了大量 VM 的启动参数，
// 最后通过 JNI 调用 JNI_CreateJavaVM(pJavaVM, pEnv, &initArgs) 函数启动虚拟机
...
    /* start the virtual machine */
    if (startVm(&mJavaVM, &env) != 0)
```

```c
        goto bail;
/*
 * Register android functions.    // 注册系统使用的JNI函数
 */
if (startReg(env) < 0) {
    LOGE("Unable to register all android natives\n");
    goto bail;
}
/*
 * We want to call main() with a String array with arguments in it.
 * At present we only have one argument, the class name. Create an
 * array to hold it.
 */
jclass stringClass;
jobjectArray strArray;
jstring classNameStr;
jstring startSystemServerStr;
    // 从虚拟机执行环境里，查找到String类
stringClass = env->FindClass("java/lang/String");
assert(stringClass != NULL);
    // 创建一个String数组，有两个元素（strArray = new String[2]）
strArray = env->NewObjectArray(2, stringClass, NULL);
assert(strArray != NULL);
    // 创建一个Java String对象，初始值为：className的值，
    // 即"com.android.internal.os.ZygoteInit"
classNameStr = env->NewStringUTF(className);
assert(classNameStr != NULL);
// 设置strArray第一个元素的值为：classNameStr (strArray[0] = classNameStr)
env->SetObjectArrayElement(strArray, 0, classNameStr);
    // 创建一个Java String对象，初始值为：startSystemServer的值，即："true"
startSystemServerStr = env->NewStringUTF(startSystemServer ?
                                         "true" : "false");
    // 设置strArray第二个元素的值为 strArray[1] =startSystemServerStr
env->SetObjectArrayElement(strArray, 1, startSystemServerStr);
    // 根据上面的解释，我们可以用下面的Java代码来表示：
    // String[] strArray = new strArray[2];
    // strArray[0]  = "com.android.internal.os.ZygoteInit"
    // strArray[1]  = "true"
/*
 * Start VM.  This thread becomes the main thread of the VM, and will
 * not return until the VM exits.
 */
jclass startClass;
jmethodID startMeth;
slashClassName = strdup(className);
for (cp = slashClassName; *cp != '\0'; cp++)
    if (*cp == '.')
        *cp = '/';
    // 将com.android.internal.os.ZygoteInit中的包分隔符"."换成"/"
    // 即 slashClassName = "com/android/internal/os/ZygoteInit"
```

```
        startClass = env->FindClass(slashClassName);
            // 从VM中查找ZygoteInit类，难道它要在VM里运行它？
        if (startClass == NULL) {
            LOGE("JavaVM unable to locate class '%s'\n", slashClassName);
            /* keep going */
        } else {
            startMeth = env->GetStaticMethodID(startClass, "main",
                "([Ljava/lang/String;)V");
                // 从ZygoteInit类中查找名字为main的静态方法
                // 并且main方法有一个参数String[]，返回值为void
                // 这不就是Java应用程序的main函数的签名吗？难道要调用它？
            if (startMeth == NULL) {
                LOGE("JavaVM unable to find main() in '%s'\n", className);
                /* keep going */
            } else {
                env->CallStaticVoidMethod(startClass, startMeth, strArray);
                    // 果然，调用了ZygoteInit类里的main方法。这不就是在VM里运
行ZygoteInit程序吗!!
            }
        }
    ... 省略部分代码...
}
```

由上面的分析简单总结一下：

从源码的角度在AndroidRuntime::start方法实现了下面功能：

（1）通过startVm来启动Dalvik虚拟机（简称DVM），并且注册了一些本地JNI函数，由于这个时候DVM里还没有程序，只是个空的DVM执行环境。

（2）通过AndroidRuntime::start的参数，在JNI代码里运行第一个Java程序ZygoteInit，将其作为DVM的主线程，同时给它传递两个在JNI中构建的参数："com/android/internal/os/ZygoteInit"和"true"。

我们再从进程的角度来分析：

Zygote进程由init进程作为Service启动，在Zygote进程里通过startVm启动了VM执行环境，通过JNI代码在VM环境中运行ZygoteInit.java，作为VM中的主线程，如图3-9所示。

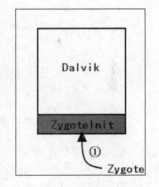

图3-9　Zygote进程与Dalvik虚拟机

3.3.2　ZygoteInit类的功能与system_server进程的创建

Zygote将DVM运行环境准备好了，并且开始调用执行ZygoteInit.java代码。

下面我们分析下ZygoteInit.java代码。

```
@ frameworks/base/core/java/com/android/internal/os/ZygoteInit.java
    public static void main(String argv[]) {
        try {
            ...省略部分代码...
                registerZygoteSocket();  // 注册ZygoteSocket，创建一个Socket的
服务端
```

```
... 省略部分代码...
        preloadClasses();          // 预加载类
        //cacheRegisterMaps();
        preloadResources();         // 预资源类
... 省略部分代码...
        //如果 ZygoteInit 的第二个参数为"true",则调用 startSystemServer()
        if (argv[1].equals("true")) {
            startSystemServer();
        } else if (!argv[1].equals("false")) {
            throw new RuntimeException(argv[0] + USAGE_STRING);
        }
... 省略部分代码...
    }
```

根据 main 函数的第二个参数，调用了 startSystemServer：

```
    private static boolean startSystemServer()
        String args[] = {
            "--setuid=1000",
            "--setgid=1000",
"--setgroups=1001,1002,1003,1004,1005,1006,1007,1008,1009,1010,1018,3001,3002,3003",
            "--capabilities=130104352,130104352",
            "--runtime-init",
            "--nice-name=system_server",
            "com.android.server.SystemServer",
        };
        ZygoteConnection.Arguments parsedArgs = null;

        int pid;

        try {
  // 创建 ZygoteConnection 的内部类 Arguments，它是 ZygoteSocket 客户端的参数封装类
  // 在 Arguments 的构造方法里对 args[]进行了解析,下面 Zygote. forkSystemServer 会用到
            parsedArgs = new ZygoteConnection.Arguments(args);
... 省略部分代码...
            /* Request to fork the system server process */
            pid = Zygote.forkSystemServer(
                parsedArgs.uid, parsedArgs.gid,
                parsedArgs.gids, debugFlags, null,
                parsedArgs.permittedCapabilities,
                parsedArgs.effectiveCapabilities);
            // 调用 Zygote 的静态方法 forkSystemServer(),用来创建了一个
            // 名字为 system_server 的进程。该方法是一个本地方法
  // 在 libcore/dalvik/src/main/java/dalvik/system/Zygote.java 里定义
            // 本地实现在 dalvik/vm/native/dalvik_system_Zygote.c 中
        } catch (IllegalArgumentException ex) {
            throw new RuntimeException(ex);
        }

        /* For child process */
```

```
        if (pid == 0) {
            handleSystemServerProcess(parsedArgs);
        }

        return true;
    }
```

通过 Zygote.forkSystemServer 方法克隆了一个新的进程 system_server，除了进程 ID 号 pid 它和 Zygote 进程的代码和数据完全一样，关于克隆的详细内容，请查看 fork 系统调用相关知识。

在新创建的子进程 system_server 中调用 handleSystemServerProcess：

```
        private static void handleSystemServerProcess(
                ZygoteConnection.Arguments parsedArgs)
                throws ZygoteInit.MethodAndArgsCaller {

            // 在新创建的子进程里将 ZygoteSocket 关闭
            closeServerSocket();
...省略部分代码...
                    /* 将 "--nice-name=system_server, com.android.server.
SystemServer"传递给RuntimeInit.zygoteInit()*/
                    /* 在 RuntimeInit.zygoteInit 方法里，调用了 SystemServer 的 main
方法，即在新进程里运行 SystemServer.java */
            RuntimeInit.zygoteInit(parsedArgs.remainingArgs);
            /* should never reach here */
        }
```

至此，Zygote 的第一个嫡长子进程 system_server 创建完毕，并且开始执行其 main 方法，我们做一下总结，如图 3-10 所示。

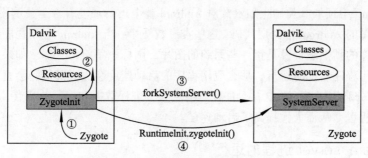

图 3-10 system_server 进程的创建

（1）在 Zygote 进程中通过 startVm 启动 Dalvik 虚拟机（简称 DVM），在 DVM 里通过 JNI 调用 ZygoteInit.main()，启动 DVM 里第一个主线程。

（2）在 ZygoteInit.java 中绑定了 ZygoteSocket 并预加载类和资源。

（3）通过 Zygote.forkSystemServer() 本地方法，在 Linux 中分裂出 Zygote 的第一个子进程，取名为 system_server，该进程中的代码和数据与父进程 Zygote 完全一样。

（4）在 Zygote 进程中通过 RuntimeInit.zygoteInit()，调用 SystemServer.main()，从而在 system_server 中运行 SystemServer.java 代码。

在 Zygote 进程创建时，init.rc 脚本中创建了 /dev/socket/zygote 文件，它在 ZygoteInit 中被

绑定为服务器端，用来接收克隆 Zygote 进程的请求，它对应用程序的创建有着重要的意义，其创建过程如图 3-11 所示。

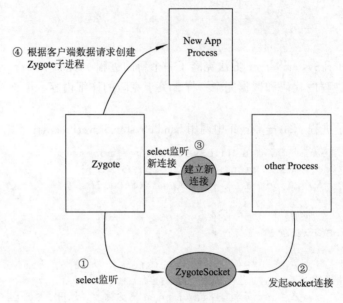

图 3-11　应用程序的创建

① Zygote 进程绑定并通过 select 监听 ZygoteSocket（/dev/socket/zygote）。
② 其他进程发出 socket 连接请求，用于创建新应用程序。
③ Zygote 和请求发起者建立用于通信的新连接，接收待创建应用程序的信息。
④ Zygote 进程根据客户端数据请求新的子进程。

在 ZygoteInit 中预加载类和预加载资源对 Android 整个运行环境有着至关重要的意义，预加载的类是指大量的 Android 框架层代码，这些类有数千个，当 Android 应用程序运行时都要加载这些类，同样的预加载资源是指一些系统的图片、图标、字符串资源。如果这些类和资源在 Android 应用程序启动时运行，那么应用程序的启动速度会大大降低，会直接影响用户体验。Android 充分利用了 Linux 中 fork 进程时会克隆父进程数据和代码的特点，将类和资源提前加载到父进程里，从而大大提高了启动速度。

3.3.3　system_server 进程的运行

```
@frameworks/base/services/java/com/android/server/SystemServer.java
    native public static void init1(String[] args);
    // init1 方法为本地方法
    public static void main(String[] args) {
        ... 省略部分代码...
        // 加载本地库 android_servers，添头加尾后本地库文件名为：libandroid_servers.so
        System.loadLibrary("android_servers");
        init1(args);
    }
```

在 system_server 进程里加载了 libandroid_servers.so 本地库，根据 JNI 机制，当 Java 代码中通过 System.load 加载一个本地动态库时，会自动调用该动态库中的 JNI_Onload 方法，通常在 JNI_Onload 方法中注册本地函数与 Java 方法映射关系：

```cpp
@frameworks/base/services/jni/onload.cpp
  extern "C" jint JNI_OnLoad(JavaVM* vm, void* reserved)
  {
      JNIEnv* env = NULL;
      jint result = -1;

      if (vm->GetEnv((void**) &env, JNI_VERSION_1_4) != JNI_OK) {
          LOGE("GetEnv failed!");
          return result;
      }
      LOG_ASSERT(env, "Could not retrieve the env!");

      register_android_server_PowerManagerService(env);
      register_android_server_InputManager(env);
      register_android_server_LightsService(env);
      register_android_server_AlarmManagerService(env);
      register_android_server_BatteryService(env);
      register_android_server_UsbService(env);
      register_android_server_VibratorService(env);
      register_android_server_SystemServer(env);// 它实现在 com_android_server_SystemServer.cpp 中
      register_android_server_location_GpsLocationProvider(env);

      return JNI_VERSION_1_4;
  }
```

```cpp
@frameworks/base/services/jni/com_android_server_SystemServer.cpp
  namespace android {

  extern "C" int system_init();

  static void android_server_SystemServer_init1(JNIEnv* env, jobject clazz)
  {
      system_init();
   // 被SystemServer.java调用,在frameworks/base/cmds/system_server/library/
system_init.cpp 中实现
   // system_init.cpp被编译成libsystem_server.so库, 被libandroid_servers.
so 引用
  }

  /*
   * JNI registration.
   */
   // 由此可见，SystemServer.java 中调用的 init1 方法, 映射到了 android_server_
   // SystemServer_init1 方法
  static JNINativeMethod gMethods[] = {
```

```cpp
    /* name, signature, funcPtr */
    { "init1", "([Ljava/lang/String;)V", (void*) android_server_ SystemServer_init1 },
};

// 该方法被 frameworks/base/services/jni/onload.cpp 回调，用来注册本地方法与 Java 方法的映射
int register_android_server_SystemServer(JNIEnv* env)
{
    return jniRegisterNativeMethods(env, "com/android/server/ SystemServer",
        gMethods, NELEM(gMethods));
}

}; // namespace android
```

在 register_android_server_SystemServer 方法中注册本地方法与 Java 方法，通过映射关系可知，Java 层的 init1 方法调用了本地的 system_init 方法：

```cpp
@frameworks/base/cmds/system_server/library/system_init.cpp
extern "C" status_t system_init()
{
    LOGI("Entered system_init()");
    ...省略部分代码...
    char propBuf[PROPERTY_VALUE_MAX];
    property_get("system_init.startsurfaceflinger", propBuf, "1");
    if (strcmp(propBuf, "1") == 0) {
        // Start the SurfaceFlinger
        SurfaceFlinger::instantiate();// 启动 SurfaceFlinger 本地系统服务
    }

    // Start the sensor service
    SensorService::instantiate(); // 启动 SensorService 本地系统服务
    ...省略部分代码...
    LOGI("System server: starting Android runtime.\n");

    AndroidRuntime* runtime = AndroidRuntime::getRuntime();

    LOGI("System server: starting Android services.\n");
    runtime->callStatic("com/android/server/SystemServer", "init2"); // 调用 Java 环境中 SystemServer.java 的 init2 方法
    ...省略部分代码...
    return NO_ERROR;
}
```

在 system_init 方法里开启了几个本地系统服务：SurfaceFlinger 和 SensorService，然后从本地又调回了 Java 运行环境中的 SystemServer.java 中的 init2 方法，之所以这么做，原因是上层 Android 系统服务的运行要依赖于本地系统服务的运行，所以 system_server 先保障本地服务的运行，然后再回运行 Android 系统服务。

SystemServer.java 中的 init2 方法执行：

```java
    public static final void init2() {
        Slog.i(TAG, "Entered the Android system server!");
```

```
        Thread thr = new ServerThread();
        thr.setName("android.server.ServerThread");
        thr.start();
    }
```

在 init2 中创建并开启了一个线程 ServerThread, 线程的 Run 方法代码如下:

```
class ServerThread extends Thread {
    ... 省略部分代码...
    @Override
    public void run() {
        // 开启主线程消息队列
        Looper.prepare();
        ... 省略部分代码...
        // Critical services...
        try {
// 添加 Android 系统服务
            Slog.i(TAG, "Entropy Service");
            ServiceManager.addService("entropy", new EntropyService());

// 添加 Android 系统服务
            Slog.i(TAG, "Power Manager");
            power = new PowerManagerService();
            ServiceManager.addService(Context.POWER_SERVICE, power);

// 添加 Android 系统服务
            Slog.i(TAG, "Activity Manager");
            context = ActivityManagerService.main(factoryTest);

// 添加 Android 系统服务

            Slog.i(TAG, "Telephony Registry");
            ServiceManager.addService("telephony.registry",       new
TelephonyRegistry(context));

                ... 省略部分代码,添加了大量 Android 系统服务...

        // It is now time to start up the app processes...

        if (devicePolicy != null) {
            devicePolicy.systemReady();
        }

        if (notification != null) {
            notification.systemReady();
        }

        if (statusBar != null) {
            statusBar.systemReady();
        }
```

```
        wm.systemReady();
        power.systemReady();
        try {
           pm.systemReady();
        } catch (RemoteException e) {
        }

        ...省略部分代码...
        // We now tell the activity manager it is okay to run third party
        // code. It will call back into us once it has gotten to the state
        // where third party code can really run (but before it has actually
        // started launching the initial applications), for us to complete our
        // initialization.
        ((ActivityManagerService)ActivityManagerNative.getDefault())
                .systemReady(new Runnable() {
    // 调用ActivityManagerService的systemReady,通知系统准备就绪
    ...省略部分代码...
                });

        Looper.loop();      // system_service主线程队列开始循环等待消息
        Slog.d(TAG, "System ServerThread is exiting!");
    }
}
```

由前面分析可知,system_server 进程的主要作用就是启动并运行 Android 系统服务,这些服务运行在 system_server 进程中,由此可见其重要性,如图 3-12 所示。

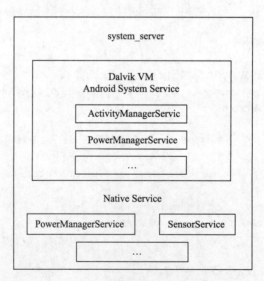

图 3-12 system_server 进程

Android 系统中服务分为两种:本地服务和 Android 系统服务,我们将 Android 4.0 系统中这些服务分别罗列出来,以供参考。

表 3-5 表列出了主要的本地服务及其作用。

表 3-5　本地服务

服　务　名	作　用
SurfaceFlinger	显示层混合器
SensorService	传感器服务
AudioFlinger	音频管理
MediaPlayerService	多媒体播放器服务
CameraService	摄像头服务
AudioPolicyService	音频策略管理服务

表 3-6 表列出 Android 系统服务及其作用。

表 3-6　系统服务

服　务　名	作　用
EntropyService	提供熵服务，用于产生随机数
PowerManagerService	电源管理服务
ActivityManagerService	管理 Activity 画面
TelephonyRegistry	注册电话模块的事件响应
PackageManagerService	程序包管理服务
AccountManagerService	联系人账户管理服务
ContentService	ContentProvider 服务，提供跨进程数据共享
BatteryService	电池管理服务
LightsService	自然光强度感应传感器服务
VibratorService	振动器服务
AlarmManagerService	定时器管理服务
WindowManagerService	窗口管理服务
BluetoothService	蓝牙服务
DevicePolicyManagerService	提供一些系统级别的设置及属性
StatusBarManagerService	状态栏管理服务
ClipboardService	系统剪贴板服务
InputMethodManagerService	输入法管理服务
NetStatService	网络状态服务
NetworkManagementService	网络管理服务
ConnectivityService	网络连接管理服务
ThrottleService	节流阀控制服务
AccessibilityManagerService	辅助管理程序截获所有的用户输入，并根据这些输入给用户一些额外的反馈，起到辅助的效果，View 的点击、焦点等事件分发管理服务

续表

服 务 名	作 用
MountService	磁盘加载服务
NotificationManagerService	通知管理服务
DeviceStorageMonitorService	存储设备容量监听服务
LocationManagerService	位置管理服务
SearchManagerService	搜索管理服务
DropBoxManagerService	系统日志文件管理服务
WallpaperManagerService	壁纸管理服务
AudioService	AudioFlinger 上层的封装的音量控制管理服务
UsbService	USB Host 和 device 管理服务
UiModeManagerService	UI 模式管理服务，监听车载、座机等场合下 UI 的变化
BackupManagerService	备份服务
AppWidgetService	应用桌面部件服务
RecognitionManagerService	身份识别服务
DiskStatsService	磁盘统计服务

3.3.4　HOME 桌面的启动

当 Android 系统服务启动完毕后，system_service 进程会通知 Android 系统服务系统启动完毕，在 ActivityManagerService.systemReady 方法里会启动 Android 系统桌面应用程序：launcher。

```
@frameworks/base/services/java/com/android/server/am/ActivityManagerService.java
    public ActivityStack mMainStack;
        ... 省略部分代码...
    public void systemReady(final Runnable goingCallback) {
        ... 省略部分代码...
        synchronized (this) {
            ... 省略部分代码...
            mMainStack.resumeTopActivityLocked(null);    // 在 Activity 栈中
显示栈顶的 Activity 画面
        }
    }
```

在 ActivityManagerService 中维护了一个 ActivityStack，它用来管理 Activity 的运行状态，在栈顶的 Activity 即是正在运行的画面，当 ActivityManagerService 准备就绪后，显示 ActivityStack 中栈顶画面。

```
@frameworks/base/services/java/com/android/server/am/ActivityStack.java
    final ActivityManagerService mService;
        ... 省略部分代码...
    final boolean resumeTopActivityLocked(ActivityRecord prev) {
        // Find the first activity that is not finishing.
```

```
    // 返回ActivityStack栈顶的Activity，由于刚启动Android系统，所以返回null
    ActivityRecord next = topRunningActivityLocked(null);
    ...省略部分代码...
    if (next == null) {
        // There are no more activities! Let's just start up the
        // Launcher...
        if (mMainStack) {
            return mService.startHomeActivityLocked();
        // 如果Activity栈顶没有Activity，则启动Launcher，即HOME
        }
    }
```

由于Android系统刚启动，ActivityStack栈中还没有任何运行的Activity，所以这时要启动HOME应用程序作为主画面，从而显示桌面应用程序。

在Android中，启动一个Activity有两种方式：显示Intent启动和隐式Intent启动。

显示Intent启动：在Intent对象中指定Intent对象的接收者，是点对点的启动方式。

隐式Intent启动：类似于广播机制，在发送的Intent中通过Action和Category来匹配接收者，因此在Android系统中允许发出的Intent对象启动多个Activity，这种方式保证了Android中所有应用程序的公平性。

Android的HOME应用程序的启动是通过隐式Intent启动的，我们可以查看HOME应用程序的AndroidManifest.xml文件来确定它的Intent对象的匹配内容：

```xml
@packages/apps/Launcher2/AndroidManifest.xml
<?xml version="1.0" encoding="utf-8"?>
...省略部分代码...
<manifest
    xmlns:android="http://schemas.android.com/apk/res/android"
    package="com.android.launcher"
    android:sharedUserId="@string/sharedUserId"
    >
...省略部分代码...
    <application
        android:name="com.android.launcher2.LauncherApplication"
        android:process="@string/process"
        android:label="@string/application_name"
        android:icon="@drawable/ic_launcher_home">

        <activity
            android:name="com.android.launcher2.Launcher"
            android:launchMode="singleTask"
            android:clearTaskOnLaunch="true"
            android:stateNotNeeded="true"
            android:theme="@style/Theme"
            android:screenOrientation="nosensor"
            android:windowSoftInputMode="stateUnspecified|adjustPan">
            <intent-filter>
                <action android:name="android.intent.action.MAIN" />
                <category android:name="android.intent.category.HOME" />
```

```
                    <category android:name="android.intent.category. DEFAULT" />
                    <category android:name="android.intent.category. MONKEY"/>
                </intent-filter>
            </activity>
```

在 Android 系统启动的最终阶段通过 Intent 对象启动 HOME 应用程序，该 Intent 中封装了两个主要的属性：action="android.intent.action.MAIN"，category="android.intent. category.HOME"，通过上面的代码可以看出来，launcher2 应用程序的 intent-filter 匹配项里包含了 HOME 应用程序启动的"必要条件"。

3.4　实训：通过 Init.rc 脚本开机启动 Android 应用程序

【实训描述】

init 是 Linux 内核加载完根文件系统后，执行的第一个可执行程序，作为用户空间的第一个进程。init 会在根目录中找到名为 init.rc 的脚本作为启动脚本，init.rc 的脚本将被 init 可执行程序按照自己的逻辑运行，用户可以在 init.rc 脚本中添加自己的内容来启动或者关闭服务和程序或者按照自己的要求运行程序实现个性化的定制。

本实训分为三部分：使用 NFS 方式挂载 Android 文件系统；编译 Android 系统；修改 init.rc 实现开机启动用户程序。

【实训目的】

通过修改 init.r 脚本，实现开机启动用户程序。

【实训步骤】

1. nfs 方式挂载根文件系统

（1）安装 nfs

如果你的主机 linux 或者虚拟机中没有安装 nfs，可以通过下面的命令安装 nfs：

$sudo　apt-get　install　nfs-kernel-server

（2）配置/etc/exports

nfs 允许挂载的目录及权限在文件/etc/exports 中进行了定义。例如，要将/source/rootfs 目录共享出来，那么需要在/etc/exports 文件末尾添加如下一行代码：

```
/source/rootfs *(rw,sync,no_root_squash)
```

其中/source/rootfs 是要共享的目录，*代表允许所有的网络段访问，rw 是可读写权限,sync 是资料同步写入内存和硬盘，no_root_squash 是 nfs 客户端分享目录使用者的权限，如果客户端使用的是 root 用户，那么对于该共享目录而言，该客户端就具有 root 权限。

（3）重启服务

```
$sudo　/etc/init.d/nfs-kernel-server　restart
$sudo　/etc/init.d/portmap　restart
```

（4）u-boot 启动参数的修改

```
    set  ipaddr       192.168.0.51     //设置开发板 ip 地址
    set  serverip     192.168.0.107    //设置目标（PC 或者虚拟机）IP 地址
    set  gatewayip    192.168.0.1      //设置网关
    set  bootargs  root=nfs  nfsroot=192.168.0.107:/source/rootfs  init=/init
ip=192.168.0.51
    console=ttySAC0,115200             //设置文件系统由 nfs 方式启动，蓝色文字就是主机上
提供的根文件系统的目录
```

将编译好的根文件系统 fs100_root 复制到/source 下，并重命名为 rootfs：

```
$cp fs100_root -rf /source/rootfs
```

上电后，可以启动 Android 系统。

2. 编译 LedDemo 程序及驱动

在编译此模块时，要先确认已经进行了导出环境变量和配置板级信息的操作，否则将无法进行编译。

导出环境变量，执行：

```
$source build/envsetup.sh
```

配置板级信息，执行：

```
$lunch
```

（1）编译 LedDemo 程序

将"Led_Demo 实训"文件夹下"LedDemo"，移动到 eclair_2.1_farsight/vendor/farsight/fs_proprietary/下。

编译 LedDemo：

```
$mmm vendor/farsight/fs_proprietary/LedDemo
```

在 eclair_2.1_farsight 目录下，执行脚文件 make_fs100_yaffs2_image.sh：

```
$./make_fs100_yaffs2_image.sh
```

（2）编译 led 驱动

将"Led_Demo实训"文件夹下的安卓内核源码"android-2.6.29-fs100.tar.gz"，移动到 ubuntu 虚拟机下，并解压：

```
$tar xvf android-2.6.29-fs100.tar.gz
```

将"Led_Demo 实训"文件夹下"s5pc100_led_drv"，移动到 ubuntu 虚拟机下，修改 Makefile，指定 KERNELDIR ?=/home/linux/android-2.6.29-fs100 的路径，然后执行：

```
$make      (/home/android-2.6.29-fs100)
```

把编译好的 led_drv.ko 复制到/source/rootfs 中：

```
$cp led_drv.ko /source/rootfs
```

3. 启动系统

给开发板上电，系统启动后，先加载驱动：

```
$insmod led_drv.ko
```

通过 PUTTY 设置权限：

```
#chmod 0666 /dev/led
```

在 LCD 屏上启动 led 的应用程序，完成实训。

4. 设置自动加载驱动，设置权限

在 rootfs 中添加一个脚本 led.sh：

```
$touch led.sh
```

添加内容如下：

```
#!/system/bin/sh
chmod 0666 /dev/led
```

保存退出，添加权限

```
$sudo chmod 777 led.sh
```

在 init.rc 启动脚本中添加，自动 insmod 驱动，如图 3-13 所示。

在最后添加一个 service，用于运行设置权限的脚本文件 led.sh，如图 3-14 所示。

```
#   insmod modules/fsr.ko
#   insmod modules/fsr_stl.ko
#   insmod modules/rfs_glue.ko
#   insmod modules/rfs_fat.ko

#   Add By SteveNi for Leddemo
    insmod /led_drv.ko
```

图 3-13　init.rc 添加 insmod

```

# Add By SteveNi for Leddemo
service led /led.sh
    oneshot
init.rc
```

图 3-14　init.rc 添加 service

添加完之后，启动系统，完成实训。

小　结

本章首先介绍了 Android 的主要启动进程 init 的功能和作用，然后介绍了 Android 启动中的涉及的主要本地守护进程，如 servicemanager、ueventd 等，最后重点介绍了 zygote 和 system_server 的启动过程和功能。

通过本章的学习，读者能了解 Android 从本地层到应用层的启动流程，能通过修改 init.rc 脚本实现程序的开机启动，了解 Zygote 守护进程在 Android 系统启动过程中的重要作用，熟悉 Android 系统启动中从 C/C++代码到 Java 代码的交互流程。

习　题

1. Android 启动分为哪几个阶段？每个阶段各有什么特点？
2. Android 启动时会启动哪些本地守护进程？这些进程有什么作用？
3. init 进程在 Android 启动中的作用是什么？
4. init.rc 主要包括哪些内容，作用是什么？
5. servicemanager 进程的功能有哪些？
6. zygote 进程的作用是什么？
7. Java 虚拟机和 Dalvik Vm 虚拟机有什么不同？
8. systemserver 进程和 zygote 有什么关系，它在 Android 系统中有什么作用？

第 4 章 Android 编译系统与定制 Android 平台系统

Android 的优势在于开源，手机和平板电脑生产厂商可以根据自己的硬件平台进行个性化定制，因此在对 Android 的源代码进行定制时很有必要了解一下 Android 的编译系统。

本章节主要介绍 Android 编译系统的组成、工作原理及如何定制 Android 平台系统。

学习目标：
- 了解 Android 的编译系统。
- 熟悉 Android 编译系统给的 Android.mk 文件。
- 掌握 Android 编译命令。
- 掌握定制 Android 平台方法。

4.1 Android 编译系统

Android 的源代码由几十万个文件构成，这些文件之间有的相互依赖，有的又相互独立，它们按功能或类型又被放到不同目录下，对于这么大的一个工程，Android 通过自己的编译系统完成编译过程。

4.1.1 Android 编译系统介绍

Android 和 Linux 一样，它们的编译系统都是通过 Makefile 工具来组织编译源代码的。Makefile 工具用来解释和执行 Makefile 文件，在 Makefile 文件里定义好工程源代码的编译规则，通过 make 命令即可以完成对整个工程的自动编译。因此分析 makefile 文件是理解编译系统的关键。

在 Android 中，下面几个主要的 makefile 文件构成了 Android 编译系统，如图 4-1 所示。

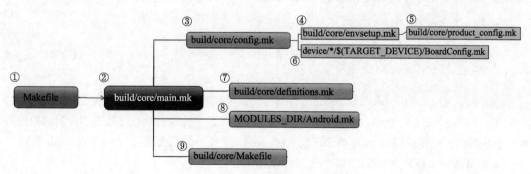

图 4-1 Android 编译系统组成

① Makefile：编译系统的入口 Makefile 文件，它只有一行代码，包含 build/core/main.mk。
② build/core/main.mk：主要 Makefile，定义了 Android 编译系统的主线。
③ build/core/config.mk：根据用户输入的编译选项导出配置变量，影响编译目标
④ build/core/envsetup.mk：定义大量全局变量，用户编译配置
⑤ build/core/product_config.mk：根据用户选择的目标产品，定义编译结果输出目录
⑥ device/*/$(TARGET_DEVICE)/BoardConfig.mk：根据用户选择的目标产品找到对应的设备 TARGET_DEVICE，加载设备的板级配置
⑦ build/core/definitions.mk：定义编译过程中用到的大量变量和宏，是编译系统的函数库
⑧ MODULES_DIR/Android.mk：每个模块的规则定义文件，它出现在每个要编译的目录下，如图 4-2 所示，我们可以自己向 Android 系统中添加自己的模块，来达到定制系统的目的。

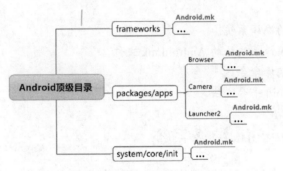

图 4-2　模块中的 Android.mk 文件

⑨ build/core/Makefile：Android 编译目标规则定义文件，最终编译结果在该文件中定义，如 system.img、ramdisk.img、boot.img、userdata.img 等。

4.1.2　Android.mk 文件

在 Android 源码中，大量的源码按照功能通过目录来分类，同一功能的代码通常被编译成一个目标文件，目标文件不仅仅包含可执行 C/C++ 应用程序，还包含动态库、静态库、Java 类库、Android 应用程序等，在 Android 编译系统中，每个被编译的目标文件被称为一个模块（module），在每个模块的源码目录中必须创建一个 Android.mk 文件作为编译规则，这些 Android.mk 文件在编译时被编译系统中的 findleaves.py 脚本包含进去。

```
@build/core/main.mk
subdir_makefiles := \
    $(shell build/tools/findleaves.py --prune=out --prune=.repo -prune=.git $(subdirs) Android.mk)

include $(subdir_makefiles)
```

注：findleaves.py 由 Python 语言编译的脚本，Python 是一种执行效率比较高的面向对象的脚本，上述脚本意思是返回 subdirs 目录下的 Android.mk 文件，但是会跳过 out、.reop、.git 目录。

通常编译一个模块时编译器需要知道以下内容：

（1）编译什么文件？（指定源码目录和源代码文件）

(2)编译器需要哪些编译参数?
(3)编译时需要哪些库或头文件?
(4)如何编译?(编译成动态库、静态库、二进制程序、Android 应用还是 Java 库?)
(5)编译目标。

Android.mk 的语法不同于 Makefile,Android.mk 语法更简洁,用户只需在 Android.mk 中定义出一些编译变量,Android 的编译系统会根据 Android.mk 文件中变量的值进行编译。

例如,zygote 进程 app_process 模块中的 Android.mk 如下面代码所示:

```
@ frameworks/base/cmds/app_process/Android.mk
 1 LOCAL_PATH:= $(call my-dir)        # 指定源码目录
 2 include $(CLEAR_VARS)              # 包含清除编译变量的 mk 文件,防止影响本次编译
 3
 4 LOCAL_SRC_FILES:= \                # 指定被编译源码
 5     app_main.cpp
 6
 7 LOCAL_SHARED_LIBRARIES := \        # 指定编译 Zygote 时用到的其他动态库
 8     libcutils \
 9     libutils \
10     libbinder \
11     libandroid_runtime
12
13 LOCAL_MODULE:= app_process         # 指定被编译模块的名字
14
15 include $(BUILD_EXECUTABLE)        # 指定编译方式,编译成可执行程序
```

又如,Camera 应用程序中的 Android.mk:

```
@ packages/apps/Camera/Android.mk
 1 LOCAL_PATH:= $(call my-dir)        # 指定源码目录
 2 include $(CLEAR_VARS)              # 包含清除编译变量的 mk 文件,防止影响本次编译
 3
 4 LOCAL_MODULE_TAGS := optional      #指定应用程序标签
 5
 6 LOCAL_SRC_FILES := $(call all-java-files-under, src) #指定被编译源码
 7
 8 LOCAL_PACKAGE_NAME := Camera       #指定 Android 应用程序名
 9 LOCAL_SDK_VERSION := current       # 指定该应用程序依赖的 SDK 版本
10
11 LOCAL_PROGUARD_FLAG_FILES := proguard.flags  # 指定混淆编译配置文件
12
13 include $(BUILD_PACKAGE)           # 指定模块编译方式,这儿编译成 Android 应用程序
14
15 # Use the following include to make our test apk.
16 include $(call all-makefiles-under,$(LOCAL_PATH))   # 包含当前目录下
子目录中的 Android.mk 文件,向下编译
```

通过上面两个例子可以看出来,Android.mk 文件结构很简单,每个模块的 Android.mk 文件必须完成以下操作:

1. 指定当前模块的目录

通过调用$(call my-dir)命令包(一些 Makefile 的集合),来获得当前模块目录。

2. 清除所有的 LOCAL_XX 变量

通过 include 命令包含 clear_vars.mk 文件来清除所有的 LOCAL_XX 变量，防止影响本次编译结果，clear_vars.mk 文件由变量 CLEAR_VARS 来定义。

3. 指定源码文件

通过 LOCAL_SRC_FILES 变量指定源代码文件，对于 C/C++文件，要将它们全部列出来赋值给 LOCAL_SRC_FILES（见上面程序代码），对于 Java 源码，可以通过调用命令包$(call all-java-files-under, src)来实现，它会在 src 目录下查找所有的 Java 文件，将其罗列出来。

4. 指定编译细节

在编译时可能需要修改编译器参数、链接其他的库、以及需要其他路径下的头文件等编译细节。

5. 指定目标模块名

如果是 C/C++库、可执行程序或 Java 类库，通过 LOCAL_MODULE 指定最终编译出来的模块名，如果是 Android 应用程序，通过 LOCAL_PACKAGE_NAME 变量来指定。

6. 指定目标模块类型

模块最终都要进行编译，通过 include 命令包含一些预定义好的变量来指定模块最终的类型，这些变量分别对应一个 makefile 文件，包含了模块类型的编译过程。主要的预定义编译变量如表 4-1 所示。

表 4-1 主要预定义编译变量

编 译 变 量	功　　能
BUILD_SHARED_LIBRARY	将模块编译成共享库
BUILD_STATIC_LIBRARY	将模块编译成静态库
BUILD_EXECUTABLE	将模块编译成可执行文件
BUILD_JAVA_LIBRARY	将模块编译成 Java 类库
BUILD_PACKAGE	将模块编译成 Android 应用程序包

注：上述预定义编译变量的定义在 build/core/definitions.mk 中。

在 Android.mk 中，主要编译变量如表 4-2 所示。

表 4-2 主要编译变量

编 译 变 量	功　　能
LOCAL_PATH	指定编译路径
LOCAL_MODULE	指定编译模块名
LOCAL_SRC_FILES	指定编译源码列表
LOCAL_SHARED_LIBRARIES	指定使用的 C/C++共享库列表
LOCAL_STATIC_LIBRARIES	指定使用的 C/C++静态库列表
LOCAL_STATIC_JAVA_LIBRARIES	指定使用的 Java 库列表
LOCAL_CFLAGS	指定编译器参数
LOCAL_C_INCLUDES	指定 C/C++头文件路径
LOCAL_PACKAGE_NAME	指定 Android 应用程序名
LOCAL_CERTIFICATE	指定签名认证
LOCAL_JAVA_LIBRARIES	指定使用的 Java 库列表
LOCAL_SDK_VERSION	指定编译 Android 应用程序时的 SDK 版本

4.2 实训：编译 HelloWorld 应用程序

【实训描述】

在 Ubuntu 系统中使用 Eclipse 开发环境编写简单的 HelloWorld 应用程序，然后使用 Android 编译系统进行编译，最终将 HelloWorld 应用程序作为系统应用集成到 Android 系统中。

【实训目的】

通过实训，掌握在 Android 源码的编译系统中编译 Android 应用程序、库、可执行程序，了解 Android 系统应用程序的定制过程，最终在 Android 模拟器中，运行自己通过编译系统编译的 Android 应用程序。

【实训步骤】

（1）打开 eclipse 开发环境，创建一个 Android 应用程序：HelloWorld，如图 4-3 所示。

```
$ cd ~/android/eclipse
$./eclipse &
```

（2）将新创建的 HelloWorld 工程复制到源码目录中的 packages/apps 目录下：

```
$ cp -rf HelloWorld/ ~/android/android_source/packages/apps
```

在 HelloWorld 工程目录下删除由 Eclipse 开发环境自动生成的文件和目录，仅保留工程目录结构，如图 4-4 所示。

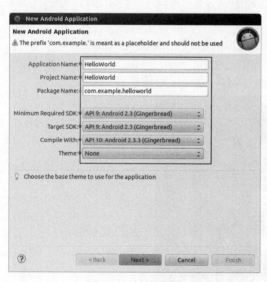

图 4-3 创建工程

图 4-4 工程目录

（3）编译 HelloWorld 工程的 Android.mk 文件，可以仿照 Android 里自带应用程序的 Android.mk 文件，例如 Camera 工程中的 Android.mk 文件：

将 Camera 工程中的 Android.mk 文件复制到 HelloWorld 工程中：

```
$ cp ../Camera/Android.mk ./
```

修改 Android.mk 文件，删除没必要的编译变量：

```
LOCAL_PATH:= $(call my-dir)
include $(CLEAR_VARS)

LOCAL_MODULE_TAGS := optional

LOCAL_SRC_FILES := $(call all-java-files-under, src)

LOCAL_PACKAGE_NAME := HelloWorld
LOCAL_SDK_VERSION := current

include $(BUILD_PACKAGE)
```

（4）编译 HelloWorld 工程：
- 切换到 Android 源码目录下：

```
$ cd ~/android/android_source/
```

- 加载编译函数：

```
$ source build/envsetup.sh
```

- 选择编译目标项：

```
$ lunch generic-eng
```

- 通过 mmm 命令编译 HelloWorld 工程：

```
$ mmm packages/apps/HelloWorld/
```

- 编译生成模拟器映像 system.img：

```
$ make snod
```

注：也可以直接通过 make 命令来编译 HelloWorld 工程并生成 system.img 映像文件，但是这种方式耗时比较长，所以我们使用上面的编译方式，能节省实训时间，关于 Android 源码编译的细节，请查看 2.3.2 节。

（5）启动模拟器，查看 HelloWorld 应用程序运行效果，如图 4-5 所示。

```
$ ./run_emulator.sh
```

注：run_emulator.sh 是快速运行模拟器的脚本，详细说明请查看 2.5 节。

图 4-5　模拟器运行实例

4.3　定制 Android 平台系统

通常产品厂商在拿到 Android 源码后会在 Android 源码基础上进行定制修改，以匹配适应自己的产品，从本节开始，我们从最原始的 Android 源码系统里一步一步定制出自己的 Android 系统。本节主要内容包含：根据 Android 源码，添加新产品编译项，定制系统启动界面和文字，定制系统启动动画和声音，定制系统桌面。

4.3.1　添加新产品编译项

Android 系统的源代码是一个逻辑结构非常独立工程，在一套 Android 源码中可以编译出多个产品映像，在需要编译某一个产品系统时，只要通过 lunch 命令选择产品编译项即可。本节我们介绍如何在 Android 源码中创建新产品编译项并定制编译出该产品系统。

在创建新产品编译项时，要先了解下面几个概念：

- 目标产品：具体指某个最终用户买到的 Android 设备，如 iPhone 5，乐 Phone S2，小米手机等。
- 产品系列：开发手机的团队通常由同一团队打造，在研发出一款产品后，往往要继续在其基础上研发出新产品，新产品往往是在老产品的硬件或软件基础上做一些升级，这些产品们就是一个产品系列。例如：联想的乐 Phone 系列手机包含：乐 Phone S1 和乐 Phone S2，它们同属于一个系列。
- 目标设备：目标设备可以理解为手机主板，它是指手机设备硬件配置信息的集合体，每个手机产品都有设备硬件配置，一个设备硬件配置可能被不同产品使用，同一手机有高配置版本和低配置版本，如乐 Phone S2 有 512MB RAM、8GB Flash 容量版本和 1GB RAM、16GB Flash 容量版本。

在 Android 编译系统中，每个编译项编译出一个产品系统，每个目标产品都对应一个目标设备，一个产品系列包含多个不同的产品，一个目标设备可能被多个产品配置使用。

由前面描述可知，同一系列的新老产品之间可以存在"继承关系"，新产品是老产品的"子产品"，老产品是新产品的"父产品"，子产品可以复用父产品的特性，还可以重写、扩展父产品。例如，老产品不支持 NFC 近距离通信技术，新产品支持 NFC 技术。同样，设备主板间也存在"继承关系"。

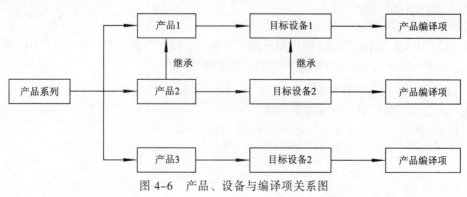

图 4-6　产品、设备与编译项关系图

如图 4-6 所示，某一产品系列包含 3 个产品，2 个目标设备，其中产品 2 继承了产品 1，产品 2 使用了设备 2，它是基于产品 1 所使用的设备 1 的升级。产品 3 使用了和产品 2 一样的设备 2，它们硬件配置一样，但是却不是同一产品，3 个不同产品都对应一个产品编译项。

在 Android 编译系统中，产品编译项相关配置文件都在 device/<厂商名>/目录下。厂商的产品列表由 AndroidProducts.mk 文件定义，目标产品信息由<产品名>.mk 定义，目标设备信息由 BoardConfig.mk 和 AndroidBoard.mk 定义。创建新产品的编译项就是创建上述几个 mk 文件的过程。

1. 创建厂商目录

不同的手机厂商对应 device/下不同目录，在厂商目录下放置该厂商的产品相关信息，我们厂商名定义为 mycompany。

```
$ cd ~/android/android_source
$ mkdir device/mycompany
```

2. 在厂商目录下创建设备目录

定义设备名为 myphone。

```
$ mkdir device/mycompany/myphone
```

3. 添加新产品编译项配置文件

该配置文件在执行 source build/envsetup.sh 时，被加载执行。

```
$ vim device/mycompany/myphone/vendorsetup.sh
```

在 vendorsetup.sh 文件时添加下面一条命令，用于向编译系统添加编译项，新添加的产品名为 myproduct，编译类型为 eng。

```
add_lunch_combo myproduct-eng
```

注：add_lunch_combo 命令是 build/envsetup.sh 脚本中定义的函数，表示将一个新产品编译项添加到 lunch 菜单里。

4. 创建产品列表配置文件 AndroidProducts.mk

AndroidProducts.mk 文件用于定义当前厂商所拥有的所有产品列表，每个产品都对应一个配置文件：

```
$ vim device/mycompany/myphone/AndroidProducts.mk
```

在产品列表配置文件中添加如下内容：

```
PRODUCT_MAKEFILES := \
    $(LOCAL_DIR)/full_product.mk
```

注：PRODUCT_MAKEFILES 变量用于保存所有产品配置信息列表，$(LOCAL_DIR)表示当前目录，full_product.mk 表示某一款产品的配置文件。

5. 配置 full_product.mk 文件

定义产品的配置信息，添加如下内容：

```
include build/target/product/languages_full.mk
include build/target/product/full.mk

# Discard inherited values and use our own instead.
PRODUCT_NAME := myproduct
PRODUCT_DEVICE := myphone
```

产品配置也可以和 Java 中的类一样被继承，通过 inclulde 命令可以将指定的文件包含进来，在后面可以对内容进行重写。一般而言对于不同的产品，产品名和设备名都不一样，在 full_product.mk 中对继承的 full.mk 中的产品名和设备名进行重写：PRODUCT_NAME 为 myproduct，PRODUCT_DEVICE 为 myphone。

在 full_product.mk 文件中继承的 languages_full.mk 内容如下：

```
@build/target/product/languages_full.mk
PRODUCT_LOCALES := en_US fr_FR it_IT es_ES de_DE nl_NL cs_CZ pl_PL ja_JP
zh_TW zh_CN ru_RU ko_KR nb_NO es_US da_DK el_GR tr_TR pt_PT pt_BR rm_CH sv_SE
bg_BG ca_ES en_GB fi_FI hr_HR hu_HU in_ID iw_IL lt_LT lv_LV ro_RO sk_SK sl_SI
sr_RS uk_UA vi_VN tl_PH
```

该配置文件里表示的是当前产品系统里默认支持的本地语言，由上述配置信息可知，它基本包含了 Android 所支持的所有语言包。

```
@build/target/product/full.mk
PRODUCT_PACKAGES := \
    OpenWnn \
    PinyinIME \
    VoiceDialer \
    libWnnEngDic \
    libWnnJpnDic \
    libwnndict

# Additional settings used in all AOSP builds
PRODUCT_PROPERTY_OVERRIDES := \
    keyguard.no_require_sim=true \
    ro.com.android.dateformat=MM-dd-yyyy \
    ro.com.android.dataroaming=true \
    ro.ril.hsxpa=1 \
    ro.ril.gprsclass=10

PRODUCT_COPY_FILES := \
    development/data/etc/apns-conf.xml:system/etc/apns-conf.xml \
    development/data/etc/vold.conf:system/etc/vold.conf

# Pick up some sounds - stick with the short list to save space
# on smaller devices.
$(call inherit-product, frameworks/base/data/sounds/OriginalAudio.mk)

# Get the TTS language packs
$(call inherit-product-if-exists, external/svox/pico/lang/all_pico_languages.mk)

# Get a list of languages. We use the small list to save space
# on smaller devices.
$(call inherit-product, build/target/product/languages_small.mk)

$(call inherit-product, build/target/product/generic.mk)
```

```
# Overrides
PRODUCT_NAME := full
PRODUCT_BRAND := generic
PRODUCT_DEVICE := generic
PRODUCT_MODEL := Full Android
```

继承的 full.mk 文件内容比较多,我们将主要的一些变量列出,如表 4-3 所示。

表 4-3 full.mk 文件变量

变量名	作 用	使 用 方 式
PRODUCT_PACKAGES	系统预置的模块列表,不仅仅只是 Android 应用程序,还可以包含库,可执行程序等	直接将系统中要安装的模块名以空格隔开列出
PRODUCT_PROPERTY_OVERRIDES	系统设置的属性值	将所有预设的属性以空格隔开列出,属性格式为:key-value
PRODUCT_COPY_FILES	要拷贝的文件	将文件列表拷贝到文件系统中,文件格式为:源文件:目标文件
PRODUCT_NAME	产品名	该产品名要和编译项中产品名一致
PRODUCT_BRAND	产品品牌	
PRODUCT_DEVICE	产品对应的设备名	该名字要和产品设备主板配置文件(BoardConfig.mk)所在目录名一致

总结:自定义的 full_product 产品继承了 build/target/product/ 目录下的 full.mk 和 languages_full.mk,full.mk 文件是 Android 系统定义的一个"通用产品",languages_full.mk 文件是全部语言包配置文件,这样,自己的产品 full_product 就具有了通用产品的特点并且支持全部语言包。

6. 定义目标产品对应的设备配置文件 AndroidBoard.mk 和 BoardConfig.mk

同样的道理,我们可以继承使用通用设备配置文件:build/target/board/generic/ 目录下的 AndroidBoard.mk 和 BoardConfig.mk 文件。

创建 AndroidBoard.mk 和 BoardConfig.mk 文件

```
$ touch AndroidBoard.mk BoardConfig.mk
```

添加 AndoridBoard.mk 的内容如下:

```
@ device/mycompany/myphone/AndroidBoard.mk
include build/target/board/generic/AndroidBoard.mk
```

"继承"的父 AndroidBoard.mk,其内容如下:

```
@build/target/board/generic/AndroidBoard.mk
LOCAL_PATH := $(call my-dir)


file := $(TARGET_OUT_KEYLAYOUT)/tuttle2.kl        # Linux 内核按键码布局文件
ALL_PREBUILT += $(file)
$(file) : $(LOCAL_PATH)/tuttle2.kl | $(ACP)
    $(transform-prebuilt-to-target)


include $(CLEAR_VARS)
```

```
LOCAL_SRC_FILES := tuttle2.kcm          # Android 按键码映射文件
include $(BUILD_KEY_CHAR_MAP)
```

其实 build/target/board/generic/AndroidBoard.mk 文件里只是复制了按键映射文件和默认系统属性文件，我们可以将其内容直接复制到 device/mycompany/myphone/AndroidBoard.mk 中。

添加 BoardConfig.mk 的内容如下：

```
@ device/mycompany/myphone/BoardConfig.mk
include build/target/board/generic/BoardConfig.mk
```

"继承"的父 BoardConfig.mk 内容：

```
@build/target/board/generic/BoardConfig.mk
# config.mk
#
# Product-specific compile-time definitions.
#

# The generic product target doesn't have any hardware-specific pieces.
TARGET_NO_BOOTLOADER := true            # 当前设备是否没有 Bootloader
TARGET_NO_KERNEL := true                # 当前设备是否没有 Linux 内核
TARGET_CPU_ABI := armeabi               # 当前设备支持的目标架构
HAVE_HTC_AUDIO_DRIVER := true           # 是否使用 HTC 的音频驱动
BOARD_USES_GENERIC_AUDIO := true        # 是否使用通用音频技术

# no hardware camera
USE_CAMERA_STUB := true                 # 是否使用摄像头 Stub
```

通过 BoardConfig.mk 的信息可知，其实该文件就是定义了一些设备硬件相关的一些变量，这些变量用来裁剪系统的功能，决定 Android 系统可运行的体系构架。

7. 根据需要定义产品默认属性和键值信息

Android 系统的属性服务类似于 Windows 的注册表，记录着系统的一些设置信息，可以在新产品中预定义一些属性值来设置自己产品。在 Android 编译系统中，属性都保存在 xxx.prop 文件中，在 build/target/board/generic/system.prop 中定义了默认的属性，可以在它的基础上进行修改。

复制属性文件：

```
$ cp build/target/board/generic/system.prop  device/mycompany/myphone/
```

在 Android 系统中，底层使用 Linux 内核来接收来自按键硬件上报的键值信息，上层处理用户按键的是 Android 的框架，两者通过两个键值布局文件来进行键值的映射。

Keylayout 文件：按键布局文件，以 kl 为扩展名，该文件用来定义按键驱动里上报的键值号（数字）和 Linux 内核中通过 event 事件上报的键值（字符）之间的映射关系。kl 文件要放在/system/usr/keylayout/目录下或/data/usr/keylayout/目录下。

KeyCharMap 文件：键值字符映射文件，以 kcm 为扩展名，它用来将 Linux 内核上报来的键值（字符）进行转换，转换成 Android 系统里可以识别的键盘码或组合按键。kcm 文件要放在/system/usr/keychars/目录下或/data/usr/keychars/目录下。

上述两个按键映射文件使用按键驱动名作为其文件名，如果没有驱动名对应的布局文件，则使用/system/usr/keylayout/qwerty.kl 和/system/usr/keychars/qwerty.kcm 作为默认的按键映射文件。这两个文件名都通过 AndroidBoard.mk 文件负责复制和安装。

如果我们要使用模拟器作为目标设备，只需要将源码 build/target/board/generic/目录里的 tuttole2.kl 和 tuttle2.kcm 复制到 AndroidBoard.mk 所在的目录中即可。

```
$ cp build/target/board/generic/tuttle2.kl    device/mycompany/myphone/tuttle2.kl
$ cp build/target/board/generic/tuttle2.kcm   device/mycompany/myphone/tuttle2.kcm
```

如果想要自定义系统的物理按键与 Android 系统的按键映射关系，则需要在 tuttle2.kl 和 tuttle2.kcm 的基础上进行修改，然后再修改 AndroidBoard.mk 的内容：

```
$ cp build/target/board/generic/tuttle2.kl  device/mycompany/myphone/<按键驱动名>.kl
$ cp build/target/board/generic/tuttle2.kcm device/mycompany/myphone/<按键驱动名>.kcm
```

修改 device/mycompany/myphone/AndroidBoard.mk 文件：

```
LOCAL_PATH := $(call my-dir)

file := $(TARGET_OUT_KEYLAYOUT)/<按键驱动名>.kl    # Linux 内核按键码布局文件
ALL_PREBUILT += $(file)
$(file) : $(LOCAL_PATH)/<按键驱动名>.kl | $(ACP)
    $(transform-prebuilt-to-target)

include $(CLEAR_VARS)
LOCAL_SRC_FILES := <按键驱动名>.kcm             # Android 按键码映射文件
include $(BUILD_KEY_CHAR_MAP)
```

注：kcm 文件最终被编译系统的 key_char_map.mk 编译成 xxx.kcm.bin 的二进制形式，这是因为每个 Android 应用程序都要加载该按键映射文件，为了加快读取速度刻意而为的。

创建新产品编译项时创建的目录与文件结构如下：

```
device/mycompany/              # 厂商目录
└── vendorsetup.sh             # 添加编译项命令文件
└── myphone/                   # 设备名目录
    ├── AndroidBoard.mk        # 设备属性和键值映射配置文件
    ├── AndroidProducts.mk     # 产品列表文件
    ├── BoardConfig.mk         # 设备硬件配置及目标架构配置文件
    ├── full_product.mk        # 目标产品配置文件
    ├── system.prop            # 系统默认属性配置文件
    ├── tuttle2.kcm            # Android 系统键值映射文件
    ├── tuttle2.kl             # Linux 内核按键布局文件
```

确认上述目录和文件创建没有问题了，执行 Android 编译步骤：source build/envsetup.sh，lunch 选择 myproduct-eng 编译项。

如果看到如下信息，说明新产品已经添加成功。

```
============================================
PLATFORM_VERSION_CODENAME=REL
PLATFORM_VERSION=2.3.6
TARGET_PRODUCT=myproduct
```

```
TARGET_BUILD_VARIANT=eng
TARGET_SIMULATOR=false
TARGET_BUILD_TYPE=release
TARGET_BUILD_APPS=
TARGET_ARCH=arm
HOST_ARCH=x86
HOST_OS=linux
HOST_BUILD_TYPE=release
BUILD_ID=GRK39F
============================================
```

8. 常见问题

问题 1：lunch 菜单里没有出现 myproduct 编译项。

原因及解决方法：在执行 lunch 之前，要执行 source build/envsetup.sh 命令，确认 vendorsetup.sh 文件存在及其内容正确无误。

问题 2：选择完 lunch 菜单里的编译项后，有出错信息：

```
*** No matches for product "myproduct". Stop.
** Don't have a product spec for: 'myproduct'
** Do you have the right repo manifest?
```

原因及解决方法：编译系统找不到用户选择的编译项里的 myproduct 产品，确认 AndroidProducts.mk 文件里列出了 myproduct 产品的配置文件 full_product.mk，并且 full_product.mk 文件中 PRODUCT_NAME 变量的值为产品名 myproduct。

问题 3：选择完 lunch 菜单里的编译项后，有出错信息：

```
*** No config file found for TARGET_DEVICE myphone. Stop.
** Don't have a product spec for: 'myproduct'
** Do you have the right repo manifest?
```

原因及解决方法：编译系统找不到 myproduct 产品对应的设备 myphone，确认 myproduct 产品的配置文件 full_product.mk 中 PRODUCT_DEVICE 变量的值为产品名 myphone，并且在 device/mycompany/目录下创建了 myphone 的设备目录，在该目录下存在 BoardConfig.mk 文件。

4.3.2 定制产品的意义及定制要点

Android 系统是一个完全开源的系统，我们可以通过修改 Linux 内核代码和 Android 源码，定制具有独特创意的产品系统，对于产品同质化非常严重的移动市场，Android 系统的细节个性化定制也可以让用户眼前一亮。另外，一些产品明确要求要修改或增加一些个性化，如默认的 Android 系统开机界面是一个黄嘴的小企鹅，在 Android 系统启动过程中是一个 Android 字样的动画效果，厂商一般都要求自己产品开机界面是厂商 Logo，开机动画是一个能动态、鲜明表现公司活力的动画效果，我们从本节开始介绍定制产品系统的实现技术。

在整个开机过程中，屏幕上会出现三次内容，如图 4-7 所示。

- Linux 启动时画面，通常是个黄嘴的小企鹅。
- Android 系统 init 进程启动阶段画面，是 ANDROID 文字字样。
- Android 系统启动阶段动画，是滚动的 ANDROID 动画。

图 4-7　开机界面与 Android 动画

（1）定制启动画面。
（2）定制开机文字。
（3）定制启动动画。
（4）定制启动声音。

通常系统在开机启动完毕时有提示声音，这种提示也通常出现在一些工控系统、手持设备上。

（5）定制系统桌面。

4.4　实训：定制开机界面

【实训描述】

Android 的开机画面可以通过两种方式来修改：

- 修改 Linux 的 Framebuffer 驱动。
- 制作 initlogo.rle 文件，放到根文件系统的根目录下。

上述两种方式各有优缺点，修改 Framebuffer 比较复杂，重新编译 Linux 内核，但是它在一开机就显示出来，中间没有黑屏等待间隔，用户体验好。第二种方式制作简单，不需要修改编译内核和 Android 源码，它是在 init 进程启动过程中显示出来的，这也就意味着在 Bootloader 启动内核阶段屏幕上可能是其他界面或黑屏，用户体验不是很好。我们只讲解修改 Framebuffer 的方式，关于第二种方式，大家可参考互联网上的资料。

Framebuffer 即帧缓冲，是 Linux 2.2 内核引入的视频显示设备，它还包含屏幕数据内存缓存区，用来保存屏幕上绘制出来的数据。因此，我们可以通俗的理解为，Framebuffer 就是 Linux 系统的"显存"。

可定制的 Android 的开机画面是在 Linux 内核启动过程中显示出来的，它在 Linux 的 Framebuffer 驱动初始化完毕后，向"显存"里写入图片数据，显示在屏幕上。

在 Linux 系统中所有的 LCD 显示设备都是基本 Framebuffer 驱动实现的，我们通过各种 2D、3D 图形库将计算出来的显示数据写入 Framebuffer 对应的显存里，就可以显示出想要的结果。

根据三基色原理可知，大多数的颜色可以通过红（Red）、绿（Green）、蓝（Blue）三色按照不同的比例合成产生，在计算机里，每个屏幕上的颜色点，称为像素点（Pixel），每个像素点都由 RGB 三基色来表示，每个像素点所表示色彩信息都保存在显存中。计算机中的 LCD 硬件用来负责将显存中的数据显示出来，不同的 LCD 可以支持不同的颜色：16 位色、24 位色、32 位色。

16 位色：一个像素点由 16 bit 表示，占两个字节，RGB 组成分为 565 或 555 二种。

24 位色：一个像素点由 24 bit 表示，占 3 字节，RGB 每个颜色由 8 位组成。

32 位色：一个像素点由 32 bit 表示，占 4 字节，除了 RGB 每个颜色 8 位外，还有 8 位的 Alpha 的透明度，共组成 32 位。

很明显，位数越高，可显示的色彩越丰富多样，相同尺寸 LCD 的显存越大，待处理的颜色信息越多，对 CPU 或 GPU 的性能要求越高。当前主流的移动设备基本都使用 32 位色的 LCD。

如果要在 LCD 上显示一张图片，那么就要找到一张和屏幕尺寸相同大小的图片，然后将其每个像素点转化成指定位色的数据，将这些数据写入 Framebuffer 显存中即可。

由于要修改 Framebuffer 驱动，所以我们首先要保证 Android 的 Linux 内核已经下载，编译，并且可用，然后对基于 Linux 内核的 Framebuffer 驱动进行修改。

制作开机画面的数据头文件，修改 Linux 内核的 Frambuffer 驱动文件，重新编译并运行 Linux 内核，将定制的图片显示在屏幕上。

【实训目的】

通过实训，了解 Android 开机画面的显示过程，熟悉如何定制系统的开机界面，修改 Linux 内核的 FrameBuffer 驱动文件，掌握如何在 Android 模拟器中，运行自己定制启动界面的 Linux 内核。

【实训步骤】

1. 生成图片数据数组

可以使用一款图片转换工具 Image2Lcd，它可以将一个图片转换成指定位色的 C 语言数组类型，我们只需要将这个图片数据数组写入，即可在屏幕上显示这个图片了，如图 4-8 所示。

图 4-8　Image2Lcd 界面

Image2Lcd 支持转换 JPG、BMP、GIF 等格式的图片，可选择和屏幕大小相同尺寸的图片，设置输出灰度（位色），设置宽度和高度，保存成 C 语言数组类型的头文件。

2. 设置 logo.jpg 输出文件的属性

打开 Image2Lcd 选择实训 xx 目录中的 logo.jpg 文件，设置 logo.jpg 输出文件的属性。

由于 Android 模拟器的屏幕大小为宽 320，高 480，模拟器支持 16 位色，所以我们设置 logo.jpg 的属性如图 4-9 所示。

图 4-9　设置输出图片属性

3. 保存图片数据为 C 语言头文件

将图片数据数组文件命名为 mylogo.h，如图 4-10 所示。

图 4-10　命名图片数组文件

保存完毕之后，自动打开 mylogo.h 文件，可以看到图片数组名：gImage_mylogo[307200]，可以通过下面的公式简单验证数据是否正确：

数组大小 = 图片宽 × 图片高 × 位色数/8

注：数组类型为 char，模拟器屏幕使用 16 位色，每个像素 2 个字节和图片宽、高相乘就是显存大小。

由上面公式可知：307 200 = 320 × 480 × 16/2，我们生成的图片数据没有问题。

4. 将 mylogo.h 图片数据文件拷贝到 Linux 内核 framebuffer 驱动目录下

Linux 内核 framebuffer 驱动在 drivers/video/ 目录下，由于模拟器使用的 goldfish 是模拟硬件，所以模拟器的 Framebuffer 驱动就是 goldfishfb.c 文件。当然，我们也可以通过 arch/arm/configs/goldfish_defconfig、drivers/video/Makefile 和 drivers/video/Kconfig 找到驱动。

```
$ cp mylogo.h   ~/android/android_source/kernel/goldfish/drivers/video/
```

5. 修改 framebuffer 驱动文件 goldfishfb.c

根据驱动框架可知,驱动文件中的 prob 函数用来做驱动的初始化工作,可以在 framebuffer 的 prob 函数返回之前，将图片数据写入 Framebuffer 显存中。

首先添加一个函数：

```
@drivers/video/goldfishfb.c
191 // MichaelTang add for bootlogo
192 #include "mylogo.h"                       // 将图片数组头文件包含进来
193 static int draw_logo(struct goldfish_fb *fb)// 添加一个写 logo 函数，传入参数为 Framebuffer 结构体
194 {
195         int height = fb->fb.var.yres;    // 获得 framebuffer 的高度
196         int width  = fb->fb.var.xres;    // 获得 Framebuffer 的宽度
197
198         printk("---------> h = %d, w = %d\n", height, width);
199         memcpy(fb->fb.screen_base, gImage_mylogo, height*width*2);
// 将 gImage_mylogo 数组拷贝到显存基址
200         return 0;
201 }
```

在 goldfish_fb_probe 函数返回语句之前，调用前面定义的 draw_logo 函数：

```
204 static int goldfish_fb_probe(struct platform_device *pdev)
{
// …省略部分代码…
312         // MichaelTang add for bootlogo
313         draw_logo(fb);
// …省略部分代码…
}
```

6. 重新编译 Linux 内核

执行 2.3.3 节编写的内核编译脚本 build_kernel.sh：

```
$ cd ~/android/android_source/kernel/goldfish/
$ ./build_kernel.sh
```

7. 启动 Android 模拟器运行实训结果

运行 2.5 章节编写的模拟器启动脚本 run_emulator.sh：

```
$ cd ~/android/android_source/
$ ./run_emulator.sh
```

运行结果如图 4-11 所示。

图 4-11 定制 Android 启动界面

常见问题：

问题 1：系统启动后，定制界面不显示。

原因及解决方法：可能 Android 模拟器没有使用自己编译的内核，也可能是通过 Image2Lcd 软件生成的 mylogo.h 文件不正确，或者 framebuffer 驱动文件里修改不正确造成的，确认上述几个地方是否操作正确。

问题 2：Image2Lcd 生成的数组大小不正确。

原因及解决方法：是否选择了和模拟器匹配尺寸大小的图片，如果没有合适大小的图片，通过 Photoshop 等图像处理软件修改一下尺寸即可。注意确认输出图片的属性设置是否正确。

问题 3：系统启动后，显示的画面扭曲或混乱。

原因及解决方法：原因及解决方法同问题 2。

4.5　实训：定制开机文字

【实训描述】

当 Linux 启动完毕之后，开始挂载根文件系统 ramdisk.img，通过命令行指定 Linux 运行用户进程 init。

init 程序由 system/core/init/ 目录下的源码编译而成，其入口文件为 init.c，console_init_action 函数就是用来实现在屏幕上输出 A N D R O I D 字样，如果想修改开机文字，则直接将函数里的内容修改了，重新编译 init 程序，然后重新生成 system.img 即可，不过，一般产品中都是将其内容作为注释，而使用画面或动画代替。

分析 Android 系统开机文字显示过程，修改 init.c 源代码中开机文字相关代码，定制开机文字，最终在 Android 模拟器里查看定制开机文字的系统。

【实训目的】

通过实训，了解 Android 系统 init 进程开机文字显示过程，熟悉定制 Android 系统启动文字，掌握在 Android 模拟器中，运行定制开机文字的 Android 系统。

【实训步骤】

（1）如果要修改启动文字，则修改 init.c 文件中的 console_init_action 方法相关代码。

```
@system/core/init/init.c
535 static int console_init_action(int nargs, char **args)
536 {
         // ...省略部分代码...
545     fd = open(console_name, O_RDWR);
546     if(fd >= 0)
547         have_console = 1;
548     close(fd);
549
550     if( load_565rle_image(INIT_IMAGE_FILE) ) {
551         fd = open("/dev/tty0", O_WRONLY);
552         if(fd >= 0) {
553             const char *msg;
554             msg = "\n"
555             "\n"
556             "\n"
557             "\n"
558             "\n"
559             "\n"
560             "\n"   // console is 40 cols x 30 lines
561             "\n"
562             "\n"
563             "\n"
564             "\n"
565             "\n"
566             "\n"
567             "\n"
568             "A N D R O I D";  // 修改成你想显示的文字
569             write(fd, msg, strlen(msg));
570             close(fd);
571         }
572     }
573     return 0;
574 }
```

（2）一般情况下是不显示文字，以开机界面代替，我们将负责显示文字的 Action 作为注释掉即可。

@system/core/init/init.c

```
703        action_for_each_trigger("early-init", action_add_queue_tail);
704
705        queue_builtin_action(wait_for_coldboot_done_action, "wait_for_coldboot_done");
706        queue_builtin_action(property_init_action, "property_init");
707        queue_builtin_action(keychord_init_action, "keychord_init");
708        //queue_builtin_action(console_init_action, "console_init");    //MichaelTang delete
709        queue_builtin_action(set_init_properties_action, "set_init_properties");
710
711        /* execute all the boot actions to get us started */
712        action_for_each_trigger("init", action_add_queue_tail);
713        action_for_each_trigger("early-fs", action_add_queue_tail);
714        action_for_each_trigger("fs", action_add_queue_tail);
715        action_for_each_trigger("post-fs", action_add_queue_tail);
716
717        queue_builtin_action(property_service_init_action, "property_service_init");
718        queue_builtin_action(signal_init_action, "signal_init");
719        queue_builtin_action(check_startup_action, "check_startup");
720
721        /* execute all the boot actions to get us started */
722        action_for_each_trigger("early-boot", action_add_queue_tail);
723        action_for_each_trigger("boot", action_add_queue_tail);
```

（3）重新编译 init 程序。

```
$ source build/envsetup.sh
$ lunch generic-eng
$ mmm system/core/init/
```

（4）生成新的 ramdisk.img。

```
$ make ramdisk
```

（5）启动 Android 模拟器，查看实训效果。

```
$ ./run_emulator.sh
```

4.6　实训：定制系统开机动画

【实训描述】

Android 的开机动画是由 Linux 本地守护程序 bootanimation 专门控制实现的，其代码在 frameworks/base/cmds/bootanimation/目录下，修改 Android 开机动画有两种方式：

● 蒙版图片替换：

替换 frameworks/base/core/res/assets/images/目录下的两个图片文件：android-logo-mask.png 和 android-logo-shine.png。android-logo-mask.png 是镂空蒙版图片，android-logo-shine.png 是镂空蒙版后面的闪光 png 图片。两个图片通过叠加移动来达到动画效果。

● 逐帧动画替换：

在/data/local/或/system/media/目录创建 bootanimation.zip 文件，该压缩包文件里存放有逐帧动画及控制脚本。

本实训分为两部分：蒙版图片替换实训和逐帧动画替换实训。

分析 Android 系统的两种开机动画实现方式，制作并替换开机动画，最终在 Android 模拟器中运行定制开机动画的系统。

【实训目的】

通过实训，了解 Android 系统的两种开机动画实现方式，掌握如何定制产品的开机动画，并在 Android 模拟器中，运行定制开机动画的 Android 系统。

【蒙版图片替换实训步骤】

（1）使用 Photoshop 等图像处理软件制作一张背景为黑色，中间镂空的 PNG 格式的图片，命名为：android-logo-mask.png，如图 4-12 所示。

（2）将 android-logo-mask.png 复制到 frameworks/base/core/res/assets/images/目录下替换 Android 默认的图片，为了防止源码不编译图片资源，将图片时间戳更新一下。

```
$ cp android-logo-mask.png    ~/android/android_source/frameworks/base/core/res/assets/images/
$ touch ~/android/android_source/frameworks/base/core/res/assets/images/android-logo-mask.png
```

（3）重新编译 Android 的系统资源包 framework-res.apk。

```
$ source build/envsetup.sh
$ lunch generic-eng
$ mmm frameworks/base/core/res/
```

（4）生成新的 system.img。

```
$ make snod
```

（5）启动 Android 模拟器，实训效果如图 4-13 所示。

```
$ ./run_emulator.sh
```

图 4-12　制作镂空动画

图 4-13　定制开机动画效果

【逐帧动画替换实训步骤】

1. 在/data/local/或/system/media/目录创建 bootanimation.zip 文件

如果放在/data/local 目录下，不需要编译 Android 源码，直接通过 adb 命令或文件管理软件复制到目录即可，如果集成到 Android 系统中，则需要放在/system/media/目录下，这时要重新编译生成 system.img 映像。

bootanimation.zip 文件是直接由几个文件打包生成的，打包的格式是 ZIP，打包时的压缩方式选择为存储，如图 4-14 所示。

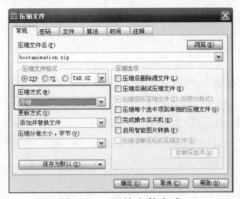

图 4-14 压缩文件方式

bootanimation.zip 文件打包前的结构如表 4-4 所示。

表 4-4 bootanimation.zip 压缩包文件结构

文 件	说 明
desc.txt	动画属性描述文件
part0/	第一阶段动画图片的目录
part1/	第二阶段动画图片的目录

其中 part0 和 part1 中的动画图片类似于电影胶片，两张图片之间变化较小，它们以固定的速度显示，从而产生动画效果，图片的大小和图片显示的时间控制由 desc.txt 文件说明，如表 4-5 所示。

desc.txt 文件内容如下：

```
480 250 15
p 1 0 part0
p 0 10 part1
```

desc.txt 文件的格式如表 4-5 所示。

表 4-5 desc.txt 文件

图片属性	320（图片宽）	320（图片高）	15（每秒显示帧数）	无
第一阶段动画属性	P（默写标志符）	1(循环次数为 1)	0（进入该阶段的间隔时间）	part0（该阶段图片存放目录）
第二阶段动画属性	p（默写标志符）	0（无限循环）	10（进入该阶段的间隔时间）	part1（该阶段图片存放目录）

（1）标识符：p 是必需的。
（2）循环次数：指该目录中图片循环显示的次数，0 表示本阶段无限循环。
（3）每秒显示帧数：就是每秒显示的图片数量，决定每张图片显示的时间。
（4）阶段切换间隔时间：指的是该阶段结束后间隔多长时间显示下一阶段的图片，其单位是每张图片显示的时间。
（5）对应图片目录：就是该阶段动画的系列图片，以图片文件目录的顺序显示动画，而且图片的格式必须是 PNG。

2. **如果 bootanimation.zip 放到/system/media/目录下，则重新编译生成 system.img**

```
$ source build/envsetup.sh
$ lunch generic-eng
$ make snod
```

3. **启动 Android 模拟器，查看动画效果**（见图 4-15 和图 4-16）

```
$ ./run_emulator.sh
```

图 4-15　第一阶段开机动画

图 4-16　第二阶段开机动画

结论：通过实训看出，当使用逐帧动画时，蒙版动画就不播放了，这是因为 Android 系统只能使用一种启动动画方式，先判断是否使用了逐帧动画，如果没有使用逐帧动画时，才使用默认的蒙版动画。

小　结

本章介绍了 Android 系统的编译过程，在分析了编译过程和配置文件后，重点介绍了编译命令和编译方法，以及如何自根据用户的需求已定制 Android 系统文件。

通过本章的学习，读者能够了解 Android 的编译流程，能配置编译参数并使用编译命令编译 Android 源代码，同时能根据用户的需求定制 Android 文件系统。

习　题

1. 简述 Android 系统编译流程。
2. 如何定制 Android 手机模拟器 ROM?
3. 简述如何为 Android 启动加速。

第 5 章　JNI 机制

JNI 是 Java Native Interface 的缩写，又称 Java 本地接口，它是 Java 平台的一部分，它允许 Java 代码和使用其他语言编写的代码进行交互。在 Android 中提供的 JNI 方式可以让 Java 程序调用 C 语言的程序，JNI 也是 Android 系统连接本地系统层和 Java 层的主要手段，本章主要介绍 JNI 的工作原理、数据类型，以及如何注册和使用 JNI。

学习目标：
- 了解 Android JNI 工作机制。
- 熟悉 Android JNI 的数据类型。
- 熟悉 Android JNI 的签名方法。
- 掌握 Android JNI 的调用方法。

5.1　JNI 概述

由前面基础知识可知，Android 的应用层由 Java 语言编写，Framework 框架层则是由 Java 代码与 C/C++语言实现，之所以由两种不同的语言组合开发框架层，是因为 Java 代码是与硬件环境彻底"隔离"的跨平台语言，Java 代码无法直接操作硬件。例如：Android 系统支持大量传感器，Java 运行在虚拟机中，无法直接得到传感器数据，而 Android 系统基于 Linux 操作系统，在 Linux 操作系统中 C/C++通过 Linux 提供的系统调用接口可以直接访问传感器硬件驱动，Java 代码可以将自己的请求，交给底层的本地 C/C++代码实现间接的对传感器的访问。另外，Java 代码的执行效率要比 C/C++执行效率要低，在一些对性能要求比较高的场合，也要使用 C/C++来实现程序逻辑。

既然 Java 代码要请求本地 C/C++代码，那么两者必须要通过一种媒介或桥梁联系起来，这种媒介就是 Java 本地接口（Java Native Interface），它是 Java 语言支持的一种本地语言访问方式，JNI 提供了一系列接口，它允许 Java 与 C/C++语言之间通过特定的方式相互调用、参数传递等交互操作。

通常在以下几种情况下考虑使用 JNI：

1. 对处理速度有要求

Java 代码执行速度要比本地代码（C/C++）执行速度慢一些，如果对程序的执行速度有较高的要求，可以考虑使用 C/C++编写代码，然后在通过 Java 代码调用基于 C/C++编写的部分。

2. 硬件控制

如前面所述，Java 运行在虚拟机中，和真实运行的物理硬件之间是相互隔离的，通常我们使用本地 C 语言代码实现对硬件驱动的控制，然后再通过 Java 代码调用本地硬件控制代码。

3. 复用本地代码

如果程序的处理逻辑已经由本地代码实现并封装成了库，就没有必要重新使用 Java 代码实现一次，直接复用该本地代码，即提高了编程效率，又确保了程序的安全性和健壮性，JNI 调用关系如图 5-1 所示。

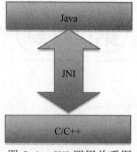

图 5-1　JNI 调用关系图

5.2　JNI 原理

在计算机中，每种编程语言都有一个执行环境（Runtime），执行环境用来解释执行语言中的语句，不同的编程语言的执行环境就好比西游记中的"阴阳两界"一样，一般人不能同时生存在阴阳两界中，只有"黑白无常"能自由穿梭在阴阳两界之间，"黑白无常"往返于阴阳两界时手持生死簿，"黑白无常"按生死簿上记录着的人名"索魂"。

JavaVM 与 JNIEnv 的介绍如下：

如图 5-2 所示，Java 语言的执行环境是 Java 虚拟机（JVM），JVM 其实是主机环境中的一个进程，每个 JVM 虚拟机进程在本地环境中都有一个 JavaVM 结构体，该结构体在创建 Java 虚拟机时被返回，在 JNI 中创建 JVM 的函数为 JNI_CreateJavaVM。

```
JNI_CreateJavaVM(JavaVM **pvm, void **penv, void *args);
```

JavaVM 结构中封装了一些函数指针（或称函数表结构），JavaVM 中封装的这些函数指针主要是对 JVM 操作接口，如下面代码所示：

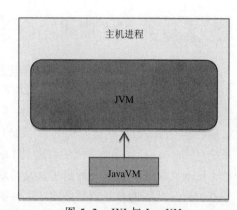

图 5-2　JNI 与 JavaVM

```
@jni.h
struct JNIInvokeInterface_ {
void *reserved0;
void *reserved1;
void *reserved2;
jint (JNICALL *DestroyJavaVM)(JavaVM *vm);
// 销毁 Java 虚拟机并回收资源，只有 JVM 主线程可以销毁
  jint (JNICALL *AttachCurrentThread)(JavaVM *vm, void **penv, void *args);
  // 连接当前线程为 Java 线程
  jint (JNICALL *DetachCurrentThread)(JavaVM *vm);     // 释放当前 Java 线程
  jint (JNICALL *GetEnv)(JavaVM *vm, void **penv, jint version);
  // 获得当前线程的 Java 运行环境
   jint (JNICALL *AttachCurrentThreadAsDaemon)(JavaVM *vm, void **penv, void *args);// 连接当前线程作为守护线程
  };
```

```
struct JavaVM_ {
    const struct JNIInvokeInterface_ *functions;
    jint DestroyJavaVM() {
        return functions->DestroyJavaVM(this);
    }
...省略部分代码
    jint GetEnv(void **penv, jint version) {
        return functions->GetEnv(this, penv, version);
    }
    ...省略部分代码
};

#ifdef __cplusplus
    typedef JavaVM_ JavaVM;
#else
    typedef const struct JNIInvokeInterface_ *JavaVM;
#endif
```

通过上面代码分析可知，JNIInvokeInterface_结构封装了几个和JVM相关的功能函数，如销毁JVM，获得当前线程的Java执行环境。另外，在C和C++中JavaVM的定义有所不同，在C中JavaVM是JNIInvokeInterface_类型指针，而在C++中又对JNIInvokeInterface_进行了一次封装，比C中少了一个参数，这也是为什么JNI代码更推荐用C++来编写的原因。

JNIEnv是当前Java线程的执行环境，一个JVM对应一个JavaVM结构，而一个JVM中可能创建多个Java线程，每个线程对应一个JNIEnv结构，它们保存在线程本地存储（TLS）中。因此，不同的线程的JNIEnv是不同，也不能相互共享使用。

JNIEnv结构也是一个函数表，在本地代码中通过JNIEnv的函数表来操作Java数据或调用Java方法。也就是说，只要在本地代码中拿到了JNIEnv结构，就可以在本地代码中调用Java代码，如图5-3所示。

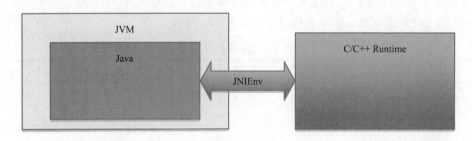

图5-3　JNIEnv调用

@jni.h中对JNIEnv的定义如下：

```
struct JNINativeInterface_ {
    ...
    jclass (JNICALL *FindClass) (JNIEnv *env, const char *name);
    ...定义大量JNI函数指针
};

struct JNIEnv_ {
```

```
            const struct JNINativeInterface_ *functions;
            jclass FindClass(const char *name) {
                    return functions->FindClass(this, name);
                                    // 调用 JNINativeInterface_ 中的函数指针
            }
    ...省略部分代码
};

#ifdef __cplusplus
    typedef JNIEnv_ JNIEnv;
#else
    typedef const struct JNINativeInterface_ *JNIEnv;
#endif
```

由上面代码可知，和 JavaVM 类似，JNIEnv 在 C 代码和 C++代码中的使用方式也是不一样的，在 C++中对 JNINativeInterface_结构又进行了一次封装，调用起来更方便。

总体来说，JNI 其实就是定义了 Java 语言与本地语言间的一种沟通方式，这种沟通方式依赖于 JavaVM 和 JNIEnv 结构中定义的函数表，这些函数表负责将 Java 中的方法调用转换成对本地语言的函数调用。

5.3 JNI 中的数据传递

5.3.1 JNI 基本类型

当 Java 代码与本地 C\C++代码相互调用时，肯定会有参数数据的传递。两者属于不同的编程语言，在数据类型上有很多差别。JNI 要保证两者之间的数据类型和数据空间大小的匹配。尽管 C 和 Java 中都拥有 int 和 char 的数据类型，但是它们的长度却不尽相同。在 C 语言中，int 类型的长度取决于平台，char 类型为 1 字节，而在 Java 语言中，int 类型恒为 4 字节，char 类型为 2 字节。为了使 Java 语言和本地语言类型、长度匹配，JNI 中定义了 jint、jchar 等类型。在 JNI 中定义的一些新的数据类型如表 5-1 所示。

表 5-1 JNI 数据类型

Java Language Type	JNI Type
boolean	jboolean
byte	jbyte
char	jchar
short	jshort
int	jint
long	jlong
float	jfloat
double	jdouble
All Reference type	jobject

由 Java 类型和 JNI 数据类型的对应关系可知，这些新定义的 JNI 类型名称和 Java 类型名称具有一致性，只是在前面加了个 j，如 int 对应 jint，long 对应 jlong。我们可以通过 JDK 目录中的 jni.h 和 jni_md.h 来更直观的了解：

```
@ jni_md.h
…省略部分代码
typedef long            jint;
typedef __int64         jlong;
typedef signed char     jbyte;
…省略部分代码

@jni.h
// JNI 类型与C/C++类型对应关系声明
typedef unsigned char       jboolean;
typedef unsigned short      jchar;
typedef short               jshort;
typedef float               jfloat;
typedef double              jdouble;
typedef jint                jsize;
```

由 jni 头文件可以看出，jint 对应的是 C/C++中的 long 类型，即 32 位整数，而不是 C 中的 int 类型（C 中的 int 类型长度依赖于平台）。所以如果要在本地方法中要定义一个 jint 类型的数据，规范的写法应该是 "jint i=123L;"。

例如，jchar 代表的是 Java 类型的 char 类型，实际上在 C/C++中却是 unsigned short 类型，因为 Java 中的 char 类型为 2 字节，jchar 相当于 C/C++中的宽字符。所以如果要在本地方法中要定义一个 jchar 类型的数据，规范的写法应该是 "jchar c=L'C';"。

实际上，所有带 j 的类型，都是 JNI 对应的 Java 的类型，并且 jni 中的类型接口与本地代码在类型的空间大小是完全匹配的，而在语言层次却不一定相同。在本地方法中与 JNI 接口调用时，要在内部都要转换，我们在使用的时候也需要小心。

5.3.2 JNI 引用类型

在本地代码中为了访问 Java 运行环境中的引用类型，在 JNI 中也定义了一套对应的引用类型，它们的对应关系如表 5-2 所示。

表 5-2 JNI 与 Java 引用类型对应关系

JNI 引用类型	Java 引用类型
jobject	所有引用类型父类 Object
jclass	java.lang.Class 类型
jstring	java.lang.String 类型
jarray	数组类型
jobjectArray	对象数组类型
jbooleanArray	布尔数组类型
jbyteArray	字节数组类型
jcharArray	字符数组类型
jshortArray	短整形数组类型

续表

JNI 引用类型	Java 引用类型
jintArray	整形数组类型
jlongArray	长整形数组类型
jfloatArray	浮点数组类型
jdoubleArray	双精度数组类型
jthrowable	java.lang.Throwadble 类型

由表 5-2 可知，JNI 引用类型都是以 j 开头类型。与 Java 中所有类的父类为 Object 一样，所有的 JNI 中的引用类型都是 jobject 的子类，JNI 这些 j 类型和 Java 中的类一一对应，只不过名字稍有不同而已。

5.4 Java 访问本地方法

由 4.1 节可知，在某些情况下一些功能由本地代码来实现，这时 Java 代码需要调用这些本地代码，在调用本地代码时，首先要保证本地代码被加载到 Java 执行环境中并与 Java 代码链接在一起，这样当 Java 代码在调用本地方法时能保证找到并调用到正确的本地代码，然后在 Java 中要显示声明本地方法为 native 方法。其实现步骤如下：

- 编写 Java 代码，在 Java 代码中加载本地代码库。
- 在 Java 中声明本地 native 方法。
- 调用本地 native 方法。

例如：

```java
public class HelloJNI{
  static {
     System.loadLibrary("hellojni");
                    // 通过System.loadLibrary()来加载本地代码库
     }

  private static native String getJNIHello();
                    // 由于该方法的实现在本地代码中，所以加上native关键字进行声明

  public static void main(String args[]){
     System.out.println(HelloJNI.getJNIHello());    // 调用本地方法
     }
}
```

上述代码的执行需要本地代码库 hellojni，正常运行的话会在屏幕上输出 Helloworld 字符串。由代码可知，在 Java 中调用本地代码不是很复杂，本地代码库的加载系统方法 System.loadLibrary 在 static 静态代码块中实现的，这是因为静态代码块只会在 Java 类加载时被调用，并且只会被调用一次。本地代码库的名字为 hellojni，在 Windows 中则其对应的文件名为 hellojni.dll，若在 Linux 中，其对应的文件名为 libhellojni.so。

思考：

（1）可不可以将本地代码库的加载放到构造方法中？放在非静态代码块中呢？

(2) native 方法可以声明为 abstract 类型吗?

(3) Native 关键字本身和 abstract 关键字冲突,它们都是方法的声明,只是一个是把方法实现移交给子类,另一个是移交给本地代码库。如果同时出现,就相当于既把实现移交给子类,又把实现移交给本地操作系统,那到底谁来实现具体方法呢?

5.5 JNI 访问 Java 成员

在 JNI 调用中,不仅仅 Java 可以调用本地方法,本地代码也可以调用 Java 中的方法和成员变量。在 Java 1.0 中规定:Java 和 C 本地代码绑定后,程序员可以直接访问 Java 对象数据域。这就要求虚拟机暴露它们之间内部数据的绑定关系,基于这个原因,JNI 要求程序员通过特殊的 JNI 函数来获取和设置数据以及调用 java 方法。

Java 中的类封装了属性和方法,要想访问 Java 中的属性和方法,首先要获得 Java 类或 Java 对象,然后再访问属性、调用方法。

在 Java 中类成员指静态属性和静态方法,它们属于类而不属于对象。而对象成员是指非静态属性和非静态方法,它们属于具体一个对象,不同的对象其成员是不同的。正因为如此,在本地代码中,对类成员的访问和对对象成员的访问是不同的。

在 JNI 中通过下面的函数来获得 Java 运行环境中的类。

```
jclass FindClass(const char *name);
```

name:类全名,包含包名,其实包名间隔符用"/"代替"."。

例如:

```
jclass jActivity = env->FindClass("java/lang/String");
```

上述 JNI 代码获得 Android 中的 Activity 类保存在 jActivity 中。

在 JNI 中 Java 对象一般都是作为参数传递给本地方法的。

例如,Java 代码如下:

```
package com.test.exam1;
class MyClass{
   private int mNumber;
   private static String mName;
   public MyClass(){
     }

     public void printNum(){
        System.out.println("Number:" + mNumber);
     }

     public static void printNm(){
        System.out.println("Number:" + mNumber);
     }
}

class PassJavaObj{
   static{
      System.loadLibrary("native_method");
```

```
    }
    private native static void passObj(String str);

    public static void main(String arg[]){
        passObj("Hello World");
    }
}
```

本地代码：

```
void Java_com_test_exam1_PassJavaObj_passObj
(JNIEnv * env, jclassthiz, jobject  str)
{
...
}
```

在上述例子中，Java 代码中将"Hello World"字符串对象传递给了本地代码，在本地代码对应的方法中，共有三个参数，其中前两个参数是由 Java 运行环境自动传递过来的，env 表示当前 Java 代码的运行环境，thiz 表示调用当前本地方法的对象，这两个参数在每个本地方法中都有。第三个参数 str 就是我们传递过来的字符串。

在本地方法中拿到了类或对象后，JNI 要求程序员通过特殊的 JNI 函数来获取和设置 Java 属性以及调用 java 方法。

5.5.1 取得 Java 属性 ID 和方法 ID

为了在 C/C++中表示 Java 的属性和方法，JNI 在 jni.h 头文件中定义了 jfieldID 和 jmethodID 类型来分别代表 Java 对象的属性和方法。在访问或设置 Java 属性时，首先要在本地代码取得代表该 Java 属性的 jfieldID，然后才能对本地代码的 Java 属性进行操作。同理，我们需要调用 Java 方法时，也需要取得代表该方法的 jmethodID 才能进行 Java 方法调用。

使用 JNIEnv 提供的 JNI 方法，我们就可以获得属性和方法相对应的 jfieldID 和 jmethodID：

```
@jni.h
// 根据属性签名返回 clazz 类中的该属性 ID
jfieldID GetFieldID(jclass clazz, const char *name, const char *sig);
// 如果获得静态属性 ID，则调用下面的函数
jfieldID GetStaticFieldID(jclass clazz, const char *name, const char *sig);
// 根据方法签名返回 clazz 类中该方法 ID
jmethodID GetMethodID(jclass clazz, const char *name, const char *sig);
// 如果是静态方法，则调用下面的函数实现
jmethodID GetStaticMethodID(jclass clazz, const char *name, const char *sig);
```

可以看到这四个方法的参数列表都是一样的，下面来分析每个参数的含义：

- jclass clazz：要取得成员对应的类。
- const char *name：代表要取得的方法名或属性名。
- const char *sig：代表要取得的方法或属性的签名。

我们将例子进行简单修改：

```
package com.test.exam2;
class MyClass{
    private int mNumber;
```

```java
    private static String mName = "Michael";
    public MyClass(){
       mNumber = 1000;
       }

       public void printNum(){
          System.out.println("Number:" + mNumber);
       }

       public static void printNm(){
          System.out.println("Number:" + mNumber);
       }
}

class NativeCallJava{
   static{
      System.loadLibrary("native_callback");
   }
   private native static void callNative(MyClass cls);

   public static void main(String arg[]){
      callNative(new MyClass());
      }
}
```

本地代码:

```
   void    Java_com_test_exam2_NativeCallJava_callNative(JNIEnv    *    env,
jclassthiz, jobject obj)
   {
      jclass myCls = env->GetObjectClass(obj);
      jfieldID mNumFieldID = env->GetFieldID(myCls, "mNumber", "I");
      jfieldID mNameFieldID = env->GetStaticFieldID(myCls, "mName", "java/
lang/String");

      jmethodID   printNumMethodID   =   env->GetMethodID(myCls,   "printNum",
"(V)V");
      jmethodID printNmMethodID = env->GetStaticMethodID(myCls, "printNm" ,
"(V)V");
   }
```

在上述 Java 代码中，我们自己定义了一个类 MyClass，里面定义了对应的静态和非静态成员，然后将 MyClass 对象传递给本地代码。在本地代码中通过 GetObjectClass 方法取得 MyClass 对象对应的类，然后依次取得 MyClass 类中的属性 ID 和方法 ID。

其中 GetObjectClass 定义如下：

```
jclass GetObjectClass(jobject obj) ;
```

jobject obj：如果本地代码拿到一个对象，则通过该方法取得该对象的类类型，其功能如同 Object.getClass()方法。

5.5.2 JNI 类型签名

Java 语言是面向对象的语言，它支持重载机制，即允许多个具有相同的方法名不同的方法签名的方法存在。因此，只通过方法名不能明确地让 JNI 找到 Java 里对应的方法，还需要指定方法的签名，即参数列表和返回值类型。

JNI 中类型签名如表 5-3 所示。

表 5-3 JNI 中签名类型

类型签名	Java 类型	类型签名	Java 类型
Z	boolean	[	[]
B	byte	[I	int[]
C	char	[F	float[]
S	short	[B	byte[]
I	int	[C	char[]
J	long	[S	short[]
F	float	[D	double[]
D	double	[J	long[]
L	类	[Z	boolean[]
V	void		

- 基本类型

以特定的单个大写字母表示。

- Java 类类型

Java 类类型以 L 开头，以 "/" 分隔包名，在类名后加上 ";" 分隔符，例如 String 的签名为：Ljava/lang/String;

在 Java 中数组是引用类型，数组以 "[" 开头，后面跟数组元素类型签名，例如：int[] 的签名是[I，对于二维数组，如 int[][] 签名就是[[I，object 数组签名就是[Ljava/lang/Object;

对于方法签名，在 JNI 中也有特定的表示方式。

(参数1类型签名参数2类型签名参数3类型签名...)返回值类型签名

注意：

- 方法名在方法签名中没有体现出来。
- 括号内表示参数列表，参数列表紧密相连，中间没有逗号，没有空格
- 返回值出现在括号后面。
- 如果函数没有返回值，也要加上 V 类型。

JNI 签名方法举例如表 5-4 所示。

表 5-4 JNI 方法签名举例

Java 方法	JNI 方法签名
boolean isLedOn(void);	(V)Z

续表

Java 方法	JNI 方法签名
void setLedOn(int ledNo);	(I)V
String substr(String str, int idx, int count);	(Ljava/lang/String;II)Ljava/lang/String
char fun (int n, String s, int[] value);	(ILjava/lang/String;[I)C
boolean showMsg(android.View v, String msg);	(Landroid/View;Ljava/lang/String;)Z

5.5.3 JNI 操作 Java 属性和方法

1. 获得、设置属性和静态属性

取得了代表属性和静态属性的 jfieldID，就可以使用 JNIEnv 中提供的方法来获取和设置属性/静态属性。

取得 Java 属性的 JNI 方法定义如下：

```
j<类型> Get<类型>Field(jobject obj, jfieldID fieldID);
j<类型> Get Static<类型>Field(jobject obj, jfieldID fieldID);
```

设置 Java 属性的 JNI 方法定义如下：

```
void Set<类型>Field(jobject obj, jfieldID fieldID, j<类型> val);
void Set Static<类型>Field(jobject obj, jfieldID fieldID, j<类型> val);
```

<类型>表示 Java 中的基本类型。例如：

```
// 获得 obj 对象中，整形属性 ID 为 fieldID 的值
jint GetIntField(jobject obj, jfieldID fieldID);

// 设置 obj 对象中，属性 ID 为 fieldID，属性值为 val
void SetObjectField(jobjectobj, jfieldID fielded, jobject val);

// 设置 clazz 类中，静态属性 ID 为 fieldID 的属性值为 value
void SetStaticCharField(jclass clazz, jfieldID fieldID, jchar value);
```

我们将上一节中的本地代码进行如下修改：

```
voidJava_com_test_exam2_NativeCallJava_callNative(JNIEnv * env,jclassthiz,
jobject  obj)
{
    jclass  myCls = env->GetObjectClass(obj);
    jfieldID mNumFieldID = env->GetFieldID(myCls, "mNumber", "I");
    jfieldID mNameFieldID = env->GetStaticFieldID(myCls, "mName", "java/lang/String");

    // 获得、设置 Java 成员的属性值
    jint mNum = env->GetIntField(obj, mNumFieldID);
    env->SetIntField(obj, mNumFieldID, mNum+100);

    // 获得、设置静态属性的值
    jstring mNm = (jstring)(env->GetStaticObjectField(myCls, mNameFieldID));
    printf("%s\n", mNm);
    jstring newStr = env->NewStringUTF("Hello from Native");
    env->SetStaticObjectField(myCls, mNumFieldID, newStr);
    …
}
```

上述代码通过 JNI 提供的 Get、Set 方法取得和设置 Java 对象和类的属性,NewStringUTF 表示创建一个 Java 的字符串对象,字符串值使用 8 位字符初始化。

2. 通过 JNI 调用 Java 中的方法

在 4.5.1 节中通过 JNI 方法获得了 jmethodID,在本地代码中就可以通过 jmethodID 来调用 Java 中的方法了。

JNI 提供了下面的方法用来调用 Java 方法:

```
// 调用 Java 成员方法
Call<Type>Method(jobject obj, jmethodIDmethodID,...);
Call<Type>MethodV(jobject clazz, jmethodID methodID,va_listargs);
Call<Type>tMethodA(jobject clazz, jmethodID methodID,constjvalue *args);
// 调用 Java 静态方法
CallStatic<Type>Method(jclass clazz, jmethodID methodID,...);
CallStatic<Type>MethodV(jclass clazz, jmethodID methodID,va_listargs);
CallStatic<Type>tMethodA(jclass clazz, jmethodID methodID,constjvalue *args);
```

上面的 Type 这个方法的返回值类型,如 void、int、char、byte 等。

第一个参数代表调用的这个方法所属于的对象,或者这个静态方法所属的类。

第二个参数代表 jmethodID。后面的表示调用方法的参数列表,...表示是变长参数,以"V"结束的方法名表示以向量表形式提供参数列表,以"A"结束的方法名表示以 jvalue 数组提供参数列表,这两种调用方式使用得较少。

我们将前面的例子的本地代码继续进行修改:

```
void Java_com_test_exam2_NativeCallJava_callNative(JNIEnv * env, jclassthiz, jobject obj)
{
    jclass myCls = env->GetObjectClass(obj);
    jfieldID mNumFieldID = env->GetFieldID(myCls, "mNumber", "I");
    jfieldID mNameFieldID = env->GetStaticFieldID(myCls, "mName", "java/lang/String");

    // 获得、设置 Java 成员的属性值
    jint mNum = env->GetIntField(obj, mNumFieldID);
    env->SetIntField(obj, mNumFieldID, mNum+100);

    // 获得、设置静态属性的值
    jstring mNm = (jstring)(env->GetStaticObjectField(myCls, mNameFieldID));
    printf("%s\n", mNm);
    jstring newStr = env->NewStringUTF("Hello from Native");
    env->SetStaticObjectField(myCls, mNumFieldID, newStr);

    // 取得 Java 方法 ID
    jmethodID printNumMethodID = env->GetMethodID(myCls, "printNum", "(V)V");
    jmethodID printNmMethodID = env->GetStaticMethodID(myCls, "printNm", " V)V");

    // 调用 MyClass 对象中的 printNum 方法
    CallVoidMethod(obj, printNumMethodID);
    // 调用 MyClass 类的静态 pinrtNm 方法
```

```
    CallStaticVoidMethod(myCls, printNmMethodID);
}
```

在 Java 中构造方法是一种特殊的方法，主要用于对象创建时被回调，我们将在下一节进行分析。

5.5.4 在本地代码中创建 Java 对象

1. 在本地代码中创建 Java 对象

在 JNIEnv 的函数表中提供了下面几个方法来创建一个 Java 对象：

```
jobject NewObject(jclass clazz, jmethodID methodID,...);
jobject NewObjectV(jclass clazz, jmethodIDmethodID,va_list args);
jobjectNewObjectA(jclass clazz, jmethodID methodID,const jvalue *args);
```

它们和上一节中介绍的调用 Java 方法使用起来相似，其参数意义如下：

clazz：要创建的对象的类。

jmethodID：创建对象对应的构造方法 ID。

参数列表：...表示是变长参数，以"V"结束的方法名表示向量表表示参数列表，以"A"结束的方法名表示以 jvalue 数组提供参数列表。

由于 Java 的构造方法的特点是方法名与类名一样，并且没有返回值，所以对于获得构造方法的 ID 的方法 env->GetMethodID(clazz,method_name ,sig)中的第二个参数固定为类名（也可以用"<init>"代替类名），第三个参数和要调用的构造方法有关，默认的 Java 构造方法没有返回值，没有参数。

我们将上一节的例子进行修改，在本地代码中创建一个新的 MyClass 对象：

```
void Java_com_test_exam2_NativeCallJava_callNative(JNIEnv * env,jclassthiz,
jobject  obj)
{
    jclass  myCls = env->GetObjectClass(obj);
    // 当然也可以像下面这样
    // jclass myCls = env->FindClass("com/test/exam2/MyClass");
    // 取得 MyClass 的构造方法 ID
    jmethodID myClassMethodID = env->GetMethodID(myCls, "MyClass", "(V)V");
    // 创建 MyClass 新对象
    jobject newObj = NewObject(myCls, myClassMethodID);
}
```

2. 创建 Java String 对象

在 Java 中，字符串 String 对象是 Unicoode（UTF-16）编码，每个字符不论是中文还是英文还是符号，一个字符总是占用两个字节。在 C/C++中一个字符是一个字节，C/C++中的宽字符是两个字节的。

在本地 C/C++代码中我们可以通过一个宽字符串，或是一个 UTF-8 编码的字符串创建一个 Java 端的 String 对象。这种情况通常用于返回 Java 环境一个 String 返回值等场合。

根据传入的宽字符串创建一个 Java String 对象

```
jstring NewString(const jchar *unicode, jsize len)
```

根据传入的 UTF-8 字符串创建一个 Java String 对象

```
jstring NewStringUTF(const char *utf)
```

在 Java 中 String 类有很多对字符串进行操作的方法，在本地代码中通过 JNI 接口可以将 Java 的字符串转换到 C/C++的宽字符串（wchar_t*），或是传回一个 UTF-8 的字符串（char*）到 C/C++，在本地进行操作。

可以看下面的一个例子：

在 Java 端有一个字符串 "String str="abcde";"，在本地方法中取得它并且输出：

```
void native_string_operation (JNIEnv * env, jobject obj)
{
  // 取得该字符串的 jfieldID
    jfieldIDid_string=env->GetFieldID(env->GetObjectClass(obj), "str", "Ljava/lang/String;");
   jstring string=(jstring)(env->GetObjectField(obj, id_string));
    //取得该字符串, 强转为 jstring 类型
   printf("%s",string);
}
```

由上面的代码可知，从 Java 端取得的 String 属性或者是方法返回值的 String 对象，对应在 JNI 中都是 jstring 类型，它并不是 C/C++中的字符串。所以，需要对取得的 jstring 类型的字符串进行一系列的转换，才能使用。

JNIEnv 提供了一系列的方法来操作字符串：

将一个 jstring 对象，转换为（UTF-16）编码的宽字符串（jchar*）：

```
const jchar *GetStringChars(jstring str, jboolean*isCopy)
```

将一个 jstring 对象，转换为（UTF-8）编码的字符串（char*）：

```
 const char *GetStringUTFChars(jstring str,jboolean *isCopy)
```

这两个函数的参数中，第一个参数传入一个指向 Java 中 String 对象的 jstring 引用。第二个参数传入一个 jboolean 的指针，其值可以为 NULL、JNI_TRUE、JNI_FLASE。

如果为 JNI_TRUE 则表示在本地开辟内存，然后把 Java 中的 String 复制到这个内存中，然后返回指向这个内存地址的指针。如果为 JNI_FALSE，则直接返回指向 Java 中 String 的内存指针。这时不要改变这个内存中的内容，这将破坏 String 在 Java 中始终是常量的规则。

如果是 NULL，则表示不关心是否复制字符串。

使用这两个函数取得的字符,在不适用的时候(不管 String 的数据是否复制到本地内存)，要分别对应地使用下面两个函数来释放内存。

```
RealeaseStringChars(jstring jstr, const jchar*str)
RealeaseStringUTFChars(jstring jstr, constchar* str)
```

第一个参数指定一个 jstring 变量，即要释放的本地字符串的资源。

第二个参数就是要释放的本地字符串。

5.5.5 Java 数组在本地代码中的处理

可以使用 GetFieldID 获取一个 Java 数组变量的 ID，然后用 GetObjectFiled 取得该数组变量到本地方法，返回值为 jobject，然后可以强制转换为 j<Type>Array 类型。

```
@jni.h
typedef jarray jbooleanArray;
typedef jarray jbyteArray;
```

```
typedef jarray jcharArray;
typedef jarray jshortArray;
typedef jarray jintArray;
typedef jarray jlongArray;
typedef jarray jfloatArray;
typedef jarray jdoubleArray;
typedef jarray jobjectArray;
```

j<Type>Array 类型是 JNI 定义的一个对象类型，它并不是 C/C++的数组，如 int[]数组、double[]数组等。所以要把 j<Type>Array 类型转换为 C/C++中的数组来操作。

JNIEnv 定义了一系列的方法来把一个 j<Type>Array 类型转换为 C/C++数组或把 C/C++数组转换为 j<Type>Array。

1. 获取数组的长度

```
jsize GetArrayLength(jarray array);
```

2. 对象类型数组的操作

```
jobjectArray NewObjectArray(jsize len, jclass clazz, jobject init)
                                         // 创建对象数组
jobject GetObjectArrayElement(jobjectArray array, jsize index)
                                         // 获得元素
void SetObjectArrayElement(jobjectArray array, jsize index, jobject val)
                                         // 设置元素
```

参数说明：

len：新创建对象数组长度。

clazz：对象数组元素类型。

init：对象数组元素的初始值。

array：要操作的数组。

index：要操作数组元素的下标索引。

val：要设置的数组元素的值。

JNI 没有提供直接把 Java 的对象类型数组（Object[ ]）直接转到 C++中的 jobject[ ]数组的函数。而是直接通过 Get/SetObjectArrayElement 这样的函数来对 Java 的 Object[ ]数组进行操作。

3. 对基本数据类型数组的操作

基本数据类型数组的操作方法比较多，大致可以分为如下几类：

获得指定类型的数组：

```
j<Type>* Get<Type>ArrayElements(j<Type>Array array, jboolean *isCopy);
```

释放数组：

```
void Release<Type>ArrayElements(j<Type>Array array, j<Type> *elems, jint mode);
```

这类函数可以把 Java 基本类型的数组转换到 C/C++中的数组。有两种处理方式，一是复制一份传回本地代码，另一种是把指向 Java 数组的指针直接传回到本地代码，处理完本地化的数组后，通过 Realease<Type>ArrayElements 来释放数组。处理方式由 Get 方法的第二个参数 isCopied 来决定（取值为 JNI_TRUE 或 JNI_FLASE）。

其第三个参数 mode 可以取下面的值：

（1）0：对 Java 的数组进行更新并释放 C/C++的数组。

（2）JNI_COMMIT：对 Java 的数组进行更新但是不释放 C/C++的数组。

（3）JNI_ABORT：对 Java 的数组不进行更新，释放 C/C++的数组。

例如：

```
package com.test.exam4_5
class ArrayTest {
        static{
                System.loadLibrary("native_array");
        }

        privateint [] arrays=new int[]{1,2,3,4,5};

        publicnative void show();

publicstatic void main(String[] args) {
        new ArrayTest ().show();
        }
}
```

本地代码：

```
void Java_com_test_exam4_5_ArrayTest_ show(JNIEnv * env, jobject obj)
{
        jfieldID id_arrsys = env->GetFieldID(env->GetObjectClass(obj), "arrays", "[I");
        jintArrayarr = (jintArray)(env->GetObjectField(obj, id_arrsys));
        jint*int_arr = env->GetIntArrayElements(arr, NULL);
        jsizelen = env->GetArrayLength(arr);
        for(int i = 0; I < len; i++)
        {
                cout << int_arr[i] << endl;
        }
        env->ReleaseIntArrayElements(arr, int_arr, JNI_ABORT);
}
```

5.6 局部引用与全局引用

　　Java 代码与本地代码里在进行参数传递与返回值复制的时候，要注意数据类型的匹配。对于 int、char 等基本类型直接进行复制即可，对于 Java 中的对象类型，通过传递引用实现。JVM 保证所有的 Java 对象正确的传递给了本地代码，并且维持这些引用，因此这些对象不会被 Java 的 gc（垃圾收集器）回收。因此，本地代码必须有一种方式来通知 JVM 其不再使用这些 Java 对象，让 gc 来回收这些对象。

　　JNI 将传递给本地代码的对象分为两种：局部引用和全局引用。

　　局部引用：只在上层 Java 调用本地代码的函数内有效，当本地方法返回时，局部引用自动回收。

　　全局引用：只有显示通知 VM 时，全局引用才会被回收，否则一直有效，Java 的 gc 不会释放该引用的对象。

　　JNI 中对于局部引用和全局引用相关的函数如下：

创建指向某个对象的局部引用，创建失败返回 NULL。
```
jobject NewLocalRef(jobject ref);
```
删除局部引用。
```
void DeleteLocalRef(jobject obj);
```
创建指向某个对象的全局引用，创建失败返回 NULL。
```
jobject NewGlobalRef(jobject lobj);
```
删除全局引用。
```
void DeleteGlobalRef(jobject gref);
```

5.6.1 局部引用

默认情况下，传递给本地代码的引用是局部引用。所有的 JNI 函数的返回值都是局部引用。

```
jstring MyNewString(JNIEnv *env, jchar *chars, jint len)
{
        static jclassstringClass = NULL;         //static 不能保存一个局部引用
        jmethodID cid;
        jcharArray elemArr;
        jstring result;
        if(stringClass == NULL) {
                stringClass = env->FindClass("java/lang/String");
                                                 // 局部引用
                if(stringClass == NULL) {
                   return NULL; /* exception thrown */
               }
                }
        /*本地代码中创建的字符串为局部引用，当函数返回后字符串有可能被gc回收 */
        cid =env->GetMethodID(stringClass, "<init>","([C)V");
        result =env->NewStringUTF(stringClass, cid, "Hello World");
        return result;
}
```

虽然局部引用会在本地代码执行之后自动释放，但是有下列情况时，需要手动释放：

本地代码访问一个很大的 Java 对象时，在使用完该对象后，本地代码要去执行比较复杂耗时的运算，由于本地代码还没有返回，Java 收集器无法释放该本地引用的对象，这时，应该手动释放掉该引用对象。

本地代码创建了大量局部引用，这可能会导致 JNI 局部引用表溢出，此时有必要及时地删除那些不再被使用的局部引用。例如：在本地代码里创建一个很大的对象数组。

jni.h 头文件中定义了 JNI 本地方法与 Java 方法映射关系结构体 JNINativeMethod。

创建的工具函数，它会被未知的代码调用，在工具函数里使用完的引用要及时释放。

不返回的本地函数。例如，一个可能进入无限事件循环中的方法。此时在循环中释放局部引用是至关重要的，这样才能不会无限期地累积，进而导致内存泄漏。局部引用只在创建它们的线程里有效，本地代码不能将局部引用在多线程间传递。一个线程想要调用另一个线程创建的局部引用是不被允许的。将一个局部引用保存到全局变量中，然后在其他线程中使用它，这是错误的。

5.6.2 全局引用

在一个本地方法被多次调用时，可以使用一个全局引用跨越它们。一个全局引用可以跨越多个线程，并且在被程序员手动释放之前，一直有效。和局部引用一样，全局引用保证了所引用的对象不会被垃圾回收。

JNI 允许程序员通过局部引用来创建全局引用，全局引用只能由 NewGlobalRef 函数创建。下面是一个使用全局引用例子：

```
jstringMyNewString(JNIEnv *env, jchar *chars, jint len)
{
    static jclassstringClass = NULL;
    ...省略部分代码
    if(stringClass == NULL) {
        jclasslocalRefCls =env->FindClass("java/lang/String");
        if(localRefCls == NULL) {
            return NULL;
        }
        /*创建全局引用并指向局部引用 */
        stringClass = env->NewGlobalRef(localRefCls);
        /* 删除局部引用*/
        env->DeleteLocalRef(localRefCls);
        /* 判断全局引用是否创建成功 */
        if(stringClass == NULL) {
            return NULL; /* out of memory exception thrown */
        }
    }
}
```

在 native 代码不再需要访问一个全局引用的时候，应该调用 DeleteGlobalRef 来释放它。如果调用这个函数失败，Java VM 将不会回收对应的对象。

5.6.3 在 Java 环境中保存 JNI 对象

本地代码在某次被调用时生成的对象，在其他函数调用时是不可见的。虽然可以设置全局变量，但那不是好的解决方式，Android 中通常是在 Java 域中定义一个 int 型的变量，在本地代码生成对象的地方，与这个 Java 域的变量关联，在别的使用到的地方，再从这个变量中取值。

以 JNICameraContext 为例来说明：

JNICameraContext 是 android_hardware_camera.cpp 中定义的类型，并会在本地代码中生成对象并与 Java 中定义的 android.hardware.Camera 类的 mNativeContext 整形成员关联。

注：为了简化理解，代码已经做了简单修改。

```
static void android_hardware_Camera_native_setup(JNIEnv*env, jobject thiz,
jobjectweak_this, jintcameraId)
{
    // 创建 JNICameraContext 对象
    JNICameraContext *context = new JNICameraContext(env, weak_this,clazz,
camera);
    ...省略部分代码
```

```
    // 查找到Camera类
    jclass clazz =env->FindClass("android/hardware/Camera ");
// 保存Carmera类中mNativeContext成员ID
    jfieldID field = env->GetFieldID(clazz, "mNativeContext","I");

     // 保存context对象的地址到了Java中的mNativeContext属性里
    env->SetIntField(thiz,fields, (int)context);
}
```

当要使用在本地代码中创建的JNICameraContext对象时，通过JNIEnv::GetIntField()获取Java对象的属性，并转化为JNICameraContext类型。

```
    // 查找到Camera类
    jclass clazz =env->FindClass("android/hardware/Camera ");
// 保存Carmera类中mNativeContext成员ID
    jfieldID field = env->GetFieldID(clazz, "mNativeContext","I");
    // 从Java环境中得到保存在mNativeContext中的对象引用地址
   JNICameraContext*
context=(JNICameraContext*)(env->GetIntField(thiz,field));
    if (context!= NULL) {
        // …省略部分代码
    }
```

5.7 本地方法的注册

前面介绍了Java方法和本地方法互相调用过程中用到的JNI接口函数。在Java代码调用本地方法时，JVM又是如何正确地绑定到本地方法中呢？

当JVM在调用带有native关键字的方法时，JVM在Java运行时环境中查找"一张方法映射表"，根据这张表寻找对应的本地方法，如果本地代码中没有找到对应的函数，则会抛出java.lang.UnsatisfiedLinkError错误，所以，在使用JNI编程时，必须保证本地方法出现在"方法映射表"中。

5.7.1 JNI_OnLoad方法

本地代码最终编译成动态库，在Java代码中通过System.loadLibrary方法来加载本地代码库，当本地代码动态库被JVM加载时，JVM会自动调用本地代码中的JNI_OnLoad函数。JNI_OnLoad函数的定义如下：

```
jint JNI_OnLoad(JavaVM *vm, void *reserved);
```
参数说明：

vm：代表了JVM实例，其实是和JVM相关的一些操作函数指针。

reserved：保留。

一般来说，JNI_OnLoad函数里主要做以下工作：

- 调用GetEnv函数，获得JNIEnv，即Java执行环境。
- 通过RegisterNatives函数注册本地方法。
- 返回JNI版本号。

JNI 从 Java 1.0 到现在，其版本也在发生变化，变化主要体现在 JNIEnv 中支持的函数个数，当调用 GetEnv 函数时可以指定获得某个版本的 JNIEnv 函数表。

```
jint GetEnv(void **penv, jint version);
```

参数说明：

penv：JNIEnv 指针的地址，GetEnv 成功调用后，它指向 JNIEnv 指针。

version：请求的 JNI 版本号，如 JNI_VERSION_1_4，表示请求 JNI 1.4 版本的 JNIEnv 执行环境。

返回值：当请求的 JNI 版本号不支持时，返回负值，成功返回 JNI_OK。

RegisterNatives 是 JNIEnv 所提供的功能函数，用于注册本地方法和 Java 方法的映射关系到 JVM 中，保证 Java 代码调用本地代码时能正确调用到本地代码。

JVM 要求 JNI_OnLoad 函数必须返回一个合法的 JNI 版本号，表示该库将被 JVM 加载，因此本地代码的 JNI_OnLoad 的实现一般如下所示。

```
/*
 * This iscalled by the VM when the shared library is first loaded.
 */
jint JNI_OnLoad(JavaVM* vm, void* reserved) {
    JNIEnv* env= NULL;
    jint result= -1;
    if(vm->GetEnv((void**) &env, JNI_VERSION_1_4) != JNI_OK) {
                                    // 调用 GetEnv 请求获得指定版本的 JNIEnv
gotofail;
    }

if(env!= NULL)
gotofail;
    if(registerMethods(env) != 0) {   // 调用子函数注册本地方法
        gotofail;
    }
    /* success-- return valid version number */
    result =JNI_VERSION_1_4;           // 指定返回值为合法的 JNI 版本号

fail:
    return result;
}
```

5.7.2　RegisterNatives 方法

RegisterNatives 通常在本地代码被加载时被调用，用来将 JNI 映射关系"告诉"Java 执行环境。映射关系其实是在 jni.h 中定义一个结构体：

```
@jni.h
typedef struct {
    char *name;              // Java 方法名
    char *signature;         // 方法签名表示字符串
    void *fnPtr;             // Java 方法对应的本地函数指针
} JNINativeMethod;
```

该结构体记录了 Java 运行环境中 Java 方法名 name、Java 方法签名 signature，以及其对应的本地函数名 fnPtr。

由于 Java 代码中可能定义多个本地方法，所以 JNINativeMethod 结构通常放到一个数组中，通过 RegisterNatives 注册到 JVM 中：

```
@jni.h
    jint RegisterNatives(jclass clazz, const JNINativeMethod *methods, jint nMethods);
    jint UnregisterNatives(jclass clazz);
```

clazz：成员方法属于某个类，clazz 指定注册的映射关系所在的类。

methods：JNINativeMethod 指针，它通常是一个映射关系数组。

nMethods：映射关系数组元素个数，即映射关系数量。

当这些映射关系不再需要时，或需要更新映射关系时，则调用 UnregisterNatives 函数，删除这些映射关系。

我们现在完整的来看下之前例子：

```
@ NativeTest.java
package com.test.exam2;
class NativeTest{
    static{
        System.loadLibrary("native_call");
    }
    private native static void callNativePrint(String str);
    private native static intcallNativeAdd(int n1, int n2);


    public static void main(String arg[]){
        callNativePrint("Hello World");
        System.out.println("n1 + n2 = " + callNativeAdd(10, 20));

    }
}
```

```
@com_test_exam2_NativeTest.cpp:
#include <stdlib.h>
#include <string.h>
#include <unistd.h>
#include <jni.h>
#include <jni_md.h>

void native_print(JNIEnv * env, jclassthiz, jobject obj)
{
    printf("String from java:%s\n", env->GetStringUTFChars((jstring)obj, JNI_FALSE));
}

jint native_add(JNIEnv * env, jclassthiz, jint n1, jint n2)
{
    return n1 + n2;
}
```

```c
/*
 * 定义映射关系结构体数组
 */
static const JNINativeMethod gMethods[] = {
    {"callNativePrint", "(Ljava/lang/String;)V",(void*)native_print},
    {"callNativeAdd",  "(II)I",(void*)native_add},
};

/*
 * 将映射关系结构体数组注册到 JVM 中
 */
 static int registerMethods(JNIEnv* env) {
    static constchar* const className = " com/test/exam2/NativeTest";
    jclass clazz;
    /* look upthe class */
    clazz =env->FindClass(className);
    if (clazz ==NULL) {
        return-1;
    }

    /* registerall the methods */
    if(env->RegisterNatives(clazz, gMethods,
        sizeof(gMethods) / sizeof(gMethods[0])) != JNI_OK)
    {
        return -1;
    }
    /* fill outthe rest of the ID cache */
    return 0;
}

/*
 * This iscalled by the VM when the shared library is first loaded.
 */
 jint JNI_OnLoad(JavaVM* vm, void* reserved) {
    JNIEnv* env= NULL;
    jint result= -1;
    if(vm->GetEnv((void**) &env, JNI_VERSION_1_4) != JNI_OK) {
                                // 调用 GetEnv 请求获得指定版本的 JNIEnv
gotofail;
    }

if(env!= NULL)
gotofail;
    if(registerMethods(env) != 0) {   // 调用子函数注册本地方法
        gotofail;
    }
    /* success-- return valid version number */
    result =JNI_VERSION_1_4;          // 指定返回值为合法的 JNI 版本号
```

```
fail:
    return result;
}
```

5.8　JNI 调用实训

【实训描述】

在 Linux 操作系统中硬件通常有：open、read、write、close 等相关操作接口，每个设备硬件还有一些自己的属性，用 Java 编写一个 Screen "屏幕"设备类，设备的初始化，设备打开，关闭，读/写都交给本地代码去实现。当写屏幕设备时，将写入内容存放在本地代码缓冲区中，当读屏幕设备时，则将数据经过简单处理读取出来。例如：向 Screen 中写入 a~z 的小写字母，读出来变成 A~Z 的大写。

在 Ubuntu 系统中编写 Java 程序和本地 C++代码，编写 Makefile 文件用来编译 Java 代码和本地代码库，最终正常运行 Java 与 C++本地代码。

【实训目的】

通过实训，学员掌握在 Linux 系统中编写基于 JNI 的 Java 程序和与 Java 对应的 C++本地代码，熟悉 Linux 中编译动态库的过程和 Makefile 的编写，最终掌握 JNI 编程相关知识。

【实训步骤】

1. 设计 Screen 类，并实现其代码

```
@Screen.java
package com.test.practice4_8;
class Screen{
// Load libscreen.so lib
    static{
        System.loadLibrary("screen");
    }

    private String mDevName;
    private int mDevNo;
    private boolean isInit = false;
    private int mWidth;
    private int mHeight;

    public Screen(){
        mDevName = null;
        mDevNo = 0;
    }
// check is device inital
    public boolean isInit(){
        return isInit;
```

```
        }

    // get the screen width
        public int getWidth(){
            return mWidth;
        }

    // get the screen height
        public int getHeight(){
            return mHeight;
    }

    // print screen informations
        public void printInfo(){
            System.out.println("Screen Name: " + mDevName);
            System.out.println("Device No:    " + mDevNo);
            System.out.println("Screen width: " + mWidth);
            System.out.println("Screen height:" + mHeight);
    }

    // define all native methods
        public native boolean open();
        public native int read(byte[] data, int len);
        public native int write(byte[] data, int len);
        public native void close();
    }
```

2. **设计并实现 Screen 测试类**

```
package com.test.practice4_8;
class ScreenTest{
    public static void main(String arg[]){
        Screen dev = new Screen();                    // 创建 Screen 对象

        if(!dev.open()){                              // 打开 Screen 设备
            System.out.println("Screen open error");
            return;
        }

        dev.printInfo();                              // 打印设备信息

        byte[] data = new byte[26];// 定义要写入的数据，不能用双字节的 char 类型
        for(int i = 0; i < 26; i++){
            data[i] = (byte)(97 + i);
        }

        System.out.println("Write a-z to Screen device:");
        dev.write(data, data.length);                 // 写入设备中

        byte[] buf = new byte[64];
        int size = dev.read(buf, buf.length);         // 从设备中读取出来
        if(size < 0){
```

```java
            System.out.println("read data from screen device error");
            return ;
        }
        
        System.out.println("Read data from Screen device:");
        for(int i = 0; i < 26; i++){
            System.out.print((char)buf[i] + ",");            // 打印出读取出的数据
        }
        System.out.println();
        
        dev.close();                                          // 关闭设备
    }
}
```

3. 设计并实现本地代码

```cpp
@com_test_practice4_8_ScreenTest.cpp
#include <unistd.h>
#include <stdlib.h>
#include <malloc.h>
#include <jni.h>
#include <jni_md.h>

// 定义一个全局结构体，用来保存所有的 Screen 类的相关 ID 信息
struct screen{
    jclass clazz;
    jfieldID id_dev_name;
    jfieldID id_dev_no;
    jfieldID id_is_init;
    jfieldID id_width;
    jfieldID id_height;
} *gfieldID;

// 定义读写数据的缓冲区
char _data[64];

//初始化 Screen 类的相关 ID 信息，起到缓存的作用
static int native_id_init(JNIEnv *env){
    gfieldID = (struct screen*)malloc(sizeof(struct screen));
    if(gfieldID == NULL)
        return -1;
    
    gfieldID->clazz = env->FindClass("com/test/practice4_8/Screen");
    gfieldID->id_dev_name = env->GetFieldID(gfieldID->clazz, "mDevName", "Ljava/lang/String;");
    gfieldID->id_dev_no  = env->GetFieldID(gfieldID->clazz, "mDevNo", "I");
    gfieldID->id_is_init = env->GetFieldID(gfieldID->clazz, "isInit", "Z");
    gfieldID->id_width = env->GetFieldID(gfieldID->clazz, "mWidth", "I");
    gfieldID->id_height = env->GetFieldID(gfieldID->clazz, "mHeight", "I");
```

```c
        return 0;
    }

    // Java 代码中 open 方法的本地实现
    static jboolean native_open(JNIEnv * env, jobject thiz) {
        // init the jfieldID in Java env
        if(native_id_init(env) != 0){
            return JNI_FALSE;
        }

        // 创建设备名字符串
        jstring dev_nm = env->NewStringUTF("Farsight HD LCD Screen");
        if(dev_nm == NULL)
            return JNI_FALSE;

        // 写回 Screen 对象的 mDevName 属性里
        env->SetObjectField(thiz, gfieldID->id_dev_name, dev_nm);

        // 设备设备号
        env->SetIntField(thiz, gfieldID->id_dev_no, 0x1234);
        // 设置初始化标识
        env->SetBooleanField(thiz, gfieldID->id_is_init, JNI_TRUE);
        // 设置 Screen 宽度
        env->SetIntField(thiz, gfieldID->id_width, 1023);
        // 设置 Screen 高度
        env->SetIntField(thiz, gfieldID->id_height, 768);
        return JNI_TRUE;
    }

    // Screen 类 read 方法的本地实现
    static jint native_read(JNIEnv * env, jobject thiz, jbyteArray arr, jint len)
    {
        if(len <= 0){
            return len;
        }
        // 获得 Java 层定义的 byte 数组
        jbyte *byte_arr = env->GetByteArrayElements(arr, NULL);
        int i = 0;
        for(; i < len; i++){
            byte_arr[i] = _data[i] - 32;    // 将处理过的数据写回 Java byte 数组里
        }
        env->ReleaseByteArrayElements(arr, byte_arr, 0);             // update array data and release array
        return i;
    }

    // Screen 类 write 方法的本地实现
    static jint native_write(JNIEnv * env, jobject thiz, jbyteArray arr, jint len)
```

```c
{
    if(len > sizeof(_data) && len <= 0){
        return -1;
    }
// 获得 Java 层定义的 byte 数组
    jbyte *byte_arr = env->GetByteArrayElements(arr, NULL);
    int i = 0;
    for(; i < len; i++){
        _data[i] = byte_arr[i];        // 将 Java byte 数组保存在本地缓存区中
        printf("%c,", _data[i]);
    }
    printf("\n");
    env->ReleaseByteArrayElements(arr, byte_arr, JNI_ABORT);
    //  do not update array data release array
    return i;
}

// Screen 类 close 方法的本地实现
static void native_close(JNIEnv * env, jobject thiz)
{
    // 修改 isInit 的值为 false
    env->SetBooleanField(thiz, gfieldID->id_is_init, JNI_FALSE);
    free(gfieldID);    //释放空间
    gfieldID = NULL;
}


/*
 * 定义映射关系结构体数组
 */
static const JNINativeMethod gMethods[] = {
    {"open",     "()Z",     (void*)native_open},
    {"read",     "([BI)I",  (void*)native_read},
    {"write",    "([BI)I",  (void*)native_write},
    {"close",    "()V",     (void*)native_close},
};

/*
 * 将映射关系结构体数组注册到 JVM 中
 */
static int registerMethods(JNIEnv* env) {
    static const char* const className = "com/test/practice4_8/Screen";
    jclass clazz;
    /* look up the class */
    clazz = env->FindClass(className);
    if (clazz == NULL) {
        printf("FindClass error\n");
        return-1;
    }

    /* registerall the methods */
```

```
        if(env->RegisterNatives(clazz, gMethods, sizeof(gMethods) / sizeof
(gMethods[0])) != JNI_OK)
        {
            return -1;
        }
        /* fill outthe rest of the ID cache */
        return 0;
    }

    /*
     * This iscalled by the VM when the shared library is first loaded.
     */
    jint JNI_OnLoad(JavaVM* vm, void* reserved) {
        JNIEnv* env= NULL;
        jint result= -1;
        if(vm->GetEnv((void**) &env, JNI_VERSION_1_4) != JNI_OK) {    // 调用
GetEnv 请求获得指定版本的 JNIEnv
            printf("GetEnv error\n");
            goto fail;
        }

        if(env == NULL)
            goto fail;
        if(registerMethods(env) != 0) {              // 调用子函数注册本地方法
            printf("registerMethods error\n");
            goto fail;
        }
        /* success-- return valid version number */
        result = JNI_VERSION_1_4;                    // 指定返回值为合法的 JNI 版本号

    fail:
        return result;
    }
```

在本地代码中声明了一个全局结构体指针 gfieldID，该结构体里面存放的是 Screen 类成员 ID，因为这些 ID 要在后面的方法中频繁使用，如果不进行缓存，意味着每次都要调用，这对性能有很大影响。

4. 为了方便编译，编写 Makefile

```
libscreen.so: com_test_practice4_8_ScreenTest.cpp ScreenTest.class
    g++                      -I/home/linux/jdk1.5.0_21/include/
-I/home/linux/jdk1.5.0_21/include/linux/ $< -fPIC -shared -o $@

ScreenTest.class: ScreenTest.java
    javac -d ./ $<

clean:
    $(RM) ScreenTest.class libscreen.so
```

由于本地代码要编译成 so 动态库，所以 g++的参数要指定–fPIC –shared 等选项，另外，在编译本地代码时要用到 jni.h 和 jni_md.h 头文件，所以还要加上–I 选项，用来指定这两个头

文件的位置，它们在安装的 JDK 的目录下。

细心的读者可能已经注意到，本地 C++文件名为 Java 的包名+类名.cpp，包名不是以"."作为间隔符，而是以目录间隔符"/"分隔，这也是因为 Java 中的包名本身就是使用目录名以区分命名空间。这样做还有另外一个好处，即我们看到本地代码文件时基本上就可以通过文件找到其对应的 Java 代码，反之亦然。

5. 执行 make 命令，并且运行查看实训结果

```
$ make
$ java -Djava.library.path='.'com/test/practice4_8/ScreenTest
```

Java 命令的"-Djava.library.path"选项表示指定在运行 Java 代码时，加载本地库时的寻找路径。为了避免每次都输入上述运行命令，我们可以写到一个脚本中。

```
@run.sh
#!/bin/bash
java -Djava.library.path='.'com/test/practice4_8/ScreenTest
```

运行结果如下：

```
linux@ubuntu:~/jni/practice$ ./run.sh
Screen Name:   Farsight HD LCD Screen
Device No:     4660
Screen width: 1023
Screen height:768
Write a-z to Screen device:
a,b,c,d,e,f,g,h,i,j,k,l,m,n,o,p,q,r,s,t,u,v,w,x,y,z,
Read data from Screen device:
A,B,C,D,E,F,G,H,I,J,K,L,M,N,O,P,Q,R,S,T,U,V,W,X,Y,Z,
```

6. 常见问题

（1）Exception in thread "main" java.lang.NoClassDefFoundError: xxx

一般是由于 FindClass 方法查找不到 Java 类造成的，检查 FindClass 的参数是否正确。

（2）Exception in thread "main" java.lang.NoSuchMethodError: xxx

Java 与本地方法的链接映射时出现错误，先确认 Java 中有没有对应 xxx 方法的声明，如果有，确认 RegisterNatives 注册映射关系的签名是否匹配。

（3）Exception in thread "main" java.lang.NoSuchFieldError：xxx

这表示在本地代码中访问 xxx 属性时，在 Java 代码中没有该属性，先确认该属性是否有定义，如果有定义，看属性是静态属性还是非静态属性，如果是静态属性，本地方法只能通过 Get/SetStatic<Type>Field 来访问，如果是非静态属性，本地方法只能通过 Get/Set<Type>Field 来访问。

（4）Exception in thread "main" java.lang.UnsatisfiedLinkError: no xxx in java.library.path

这表示本地代码库找不到，确认 Java 在执行时，"-Djava.library.path"参数是否正确。

小　结

本章先介绍了 Android 的 JNI 工作原理，JNI 的数据类型，以及 JNI 访问 Java 成员的方法和本地方法的注册，最后通过一个 JNI 调用实例展示整个 JNI 调用的流程。

通过本章学习，读者可以了解 JNI 的基本语法，能写简单的 JNI 调用程序，在 Android 中通过 JNI 实现 Java 程序和 C 程序的交互。

习　题

1. Android 中 JNI 的作用是什么？
2. 请写出表 5-5 中对应的 JNI 签名。

表 5-5　Java 方法及对应签名

Java 方法	对 应 签 名
boolean isLedOn(void);	
void setLedOn(int ledNo);	
String substr(String str, int idx, int count);	
char fun (int n, String s, int[] value);	
boolean showMsg(View v, String msg);	

3. 本地代码最终编译成动态库，在 System.loadLibrary 库中的 JNI_OnLoad 函数和 RegisterNatives 函数分别实现了什么功能？

第 6 章　Android 的对象管理

在 Java 中，不再使用的对象会通过 gc 机制来自动回收，而 Android 系统运行时库层代码是由 C++编写的，在 C++中创建的对象通常使用指针来操作，一旦使用不当，轻则造成内存泄漏，重则造成系统崩溃。不过在 Android 源代码实现中，为我们提供了智能指针来对 C++对象进行管理，这使得程序员不再需要关注对象的生命周期，以及对象是否已经释放。

学习目标：

- 了解智能指针。
- 了解 RefBase 类。
- 熟悉强指针。
- 熟悉弱指针。

6.1　智能指针

在 C++代码中创建对象有两种方式：创建栈对象和创建堆对象。
创建栈对象：

```
class A{
public:
    A();
    ~A();
private:
    int mVar1;
    int mVar2;
};

int main(int argc, char** argv){
    A a();
    return 0;
}
```

上述代码前面定义了一个类 A，然后使用 A a()来创建类 A 的对象 a，这时 a 对象是在栈空间上分配的，可以通过"对象名.成员名"来访问对象的成员，当退出了 main 函数作用域，a 对象自动释放。栈对象的特点：创建简单，使用后自动释放。但是有的场合希望创建的对象是个"全局对象"，即对象保存下来直到合适的时间再被释放，这时就要创建一个堆对象。堆对象的创建如下：

```
A *pa = new A();
```

上述代码首先在栈上创建了 A 类的对象指针 pa，然后在堆中为 A 对象分配空间，将对象地址赋值给 pa。C++要求所有动态创建的堆对象都要手动通过 delete 来释放对象空间，如同 C 中的 malloc 和 free 一样。虽然这种方式创建的对象能够一直保存到手动释放，但是如果定义了大量堆对象，而忘记了释放，容易造成"内存泄漏"。另外，如果堆对象已经释放了，其他代码再通过指针访问这个对象时，就会造成系统崩溃。这时，我们希望有一个"智能管理者"，它能自动记录下一个对象被引用的次数，当一个对象的引用计数不为"0"，说明它还在被使用，如果引用计数为"0"，说明该对象没有人再去使用它，这时"自动"去释放掉该对象。这个"智能管理者"就是智能指针。

智能指针（Smart Pointer）的一种通用实现技术是使用引用计数（Reference Count）。智能指针类将一个计数器与类指向的对象相关联，引用计数跟踪该类的对象被引用次数。

每次创建类的新对象时，初始化指针并将引用计数置为 1；当对象作为另一对象的副本而创建时，拷贝构造函数拷贝指针并增加与之相应的引用计数；对一个对象进行赋值时，赋值操作符"="减少左操作数所指对象的引用计数（如果引用计数为减至 0，则删除对象），并增加右操作数所指对象的引用计数；调用析构函数时，析构函数减少引用计数（如果引用计数减至 0，则删除对象）。并且智能指针类中重载了 operator-> 和 operator* 来返回原始对象指针，这样智能指针使用起来就像原始对象指针一起。

Android 中实现了两种智能指针：轻量级指针和强弱指针。

6.2　轻量级指针

Android 智能指针的设计者为了隐藏智能指针的实现细节，通常将要隐藏的代码放到基类中，然后让子类去继承该基类，通过复用代码，减少编程人员工作量和程序设计的复杂程度。在轻量级指针设计时，设计者将智能指针引用计数操作接口封装到 LightRefBase 这个基类中，当使用智能指针时，只要继承 LightRefBase 类，那么子类对象就具有智能管理功能了。LightRefBase 类定义如下：

```
@frameworks/base/include/utils/RefBase.h
template <class T>
class LightRefBase
{
public:
    inline LightRefBase() : mCount(0) { }                    // 初始化引用计数值为 0
    inline void incStrong(const void* id) const {            // 增加引用计数
        android_atomic_inc(&mCount);
    }
    inline void decStrong(const void* id) const {            // 减少引用计数
        if (android_atomic_dec(&mCount) == 1) {
            delete static_cast<const T*>(this);
        }
    }
    //! DEBUGGING ONLY: Get current strong ref count.
    inline int32_t getStrongCount() const {                  // 返回当前引用计数值
        return mCount;
    }
```

```
protected:
   inline ~LightRefBase() { }

private:
   mutable volatile int32_t mCount;                    // 定义引用计数变量 mCount
};
```

轻量级指针类定义很简单，类中定义一个 mCount 变量，它的初始化值为 0，另外，这个类还提供两个成员函数 incStrong 和 decStrong 来维护引用计数器的值，这两个函数就是提供给智能指针来调用的，这里要注意的是，在 decStrong 函数中，如果当前引用计数值为 1，那么当减 1 后就会变成 0，于是就会 delete 这个对象，如图 6-1 所示。

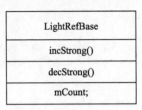

图 6-1　轻量级指针类

上述类只是定义了引用计数变量和引用计数的两个操作函数，真正对引用计数进行管理的是智能指针类 sp。

```
@frameworks/base/include/utils/RefBase.h
template <typename T>
class sp
{
public:
    typedef typename RefBase::weakref_typeweakref_type;

    inline sp() : m_ptr(0) { }

    sp(T* other);
    sp(const sp<T>& other);
    template<typename U> sp(U* other);
    template<typename U> sp(const sp<U>& other);

    ~sp();

    // Assignment
    sp& operator = (T* other);
    sp& operator = (const sp<T>& other);

    template<typename U> sp& operator = (const sp<U>& oth22er);
    template<typename U> sp& operator = (U* other);

    // Reset
    void clear();

    // Accessors
    inline T&      operator* () const  { return *m_ptr; }
    inline T*      operator-> () const { return m_ptr; }
                                        // 对 "->" 运算符进行重载
    inline T*      get() const         { return m_ptr; }

private:
```

```cpp
    template<typename Y> friend class sp;
    template<typename Y> friend class wp;

    // Optimization for wp::promote().
    sp(T* p, weakref_type* refs);

    T*              m_ptr;
};
template<typename T>
sp<T>::sp(T* other)                           // 构造函数参数为 T 类型指针
    : m_ptr(other)
{
    if (other) other->incStrong(this);        // 当创建 sp 对象时，增加强引用计数
}
template<typename T>
sp<T>::sp(const sp<T>& other)                 // 构造函数参数为 T 类型引用对象
    : m_ptr(other.m_ptr)
{
    if (m_ptr) m_ptr->incStrong(this);
}
template<typename T>
sp<T>::~sp()
{
    if (m_ptr) m_ptr->decStrong(this);        // 当析构 sp 对象时，减少强引用计数
}

template<typename T>
sp<T>& sp<T>::operator = (T* other)           // 对 "=" 运算符进行重载
{
    if (other) other->incStrong(this);        // 增加 other 对象强引用计数
    if (m_ptr) m_ptr->decStrong(this);        // 减少 sp 对象持有的旧对象强引用计数
    m_ptr = other;                            // 将 other 对象保存到 sp 对象中
    return *this;
}
```

由 sp 类的定义可知，sp 被定义为模板类，它拥有一个 T 指针类型的属性 m_ptr，当创建 sp 对象时，将 T 类型指针或 T 类型引用赋值给 m_ptr，同时调用 m_ptr 的 incStrong 方法来增加引用计数，由此可见，m_ptr 的 T 类型应该是 LightRefBase 的子类，它就是我们要进行管理的目标对象。当 sp 对象生命周期结束时，会调用它的析构函数~sp，析构函数中调用 m_ptr 的 decStrong 的来减少强引用计数，当引用计数减为 0 时将目标对象 delete。

sp 类对 "->" 运算符进行了重载，当 sp 对象使用运算符 "->" 时，返回 m_ptr 指针，这样相当于 "T->成员" 访问。通过运算符重载将 sp 对象操作转化成了 T 对象操作，保证了 LightRefBase 子类能访问到自己的成员。

sp 类还对 "=" 运算符进行了重载，将一个 T 指针类型 other 作为 "=" 右值时，首先会增加 other 对象的强引用计数，减少 sp 之前引用对象的强引用计数，然后再将 other 对象保存在 m_ptr 中，从而让 sp 对象指向新的对象 other，如图 6-2 所示。

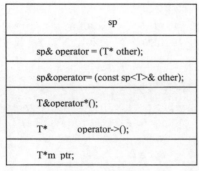

图 6-2 SP 类

可以总结出，在 Android 轻量级智能指针实现中有以下规定：
（1）LightRefBase 类（或其子类）的对象可以通过智能指针 sp 进行管理。
（2）当使用智能指针 sp 指向、赋值、初始化 LightRefBase 对象时，该对象引用计数加 1。
（3）当 sp 指针使用完后，其指向的对象引用计数自动减 1。
（4）当 LightRefBase 对象的引用计数为 0 时，该对象会被 delete。

通过对 Android 轻量级指针类 LightRefBase 和智能指针类 sp 代码分析可知，Android 中定义的这套智能指针，可以简单有效的对 Android 本地对象进行管理，提高代码的编写效率。在 Android 系统中，除了轻量级智能指针外，还有支持强指针（Strong Pointer）和弱指针（Weak Pointer）的 RefBase 重量级指针类。

6.3　RefBase 类

RefBase 类的定义还是比较复杂的，它里面并没有我们预想中的计数变量的直接定义，而是将计数放在了一个叫 weak_impl 的类中进行封装。

RefBase 类中不仅仅定义了 mStrong 强引用计数，而且还有一个 mWeak 的弱引用计数，强引用计数主要被 sp 对象管理，弱引用计数主要被 wp 对象管理。

RefBase 的定义简化代码如下：

```
@frameworks/base/include/utils/RefBase.h
class RefBase
{
public
        void           incStrong(const void* id) const;
        void           decStrong(const void* id) const;
    class weakref_type
    {
    public:
        RefBase*       refBase() const;
        void           incWeak(const void* id);
        void           decWeak(const void* id);
    };
protected:
                       RefBase();
    virtual            ~RefBase();
```

```cpp
    enum {
        OBJECT_LIFETIME_WEAK    = 0x0001,  //目标对象受弱引用计数影响标志
        OBJECT_LIFETIME_FOREVER = 0x0003   //目标对象不受强、弱引用计数影响标志
    };

    virtual void       onFirstRef();
    virtual void       onLastStrongRef(const void* id);
    virtual void       onLastWeakRef(const void* id);
private:
    friend class weakref_type;
    class weakref_impl;
    weakref_impl* const mRefs;
};
RefBase::RefBase()           // 构造函数,创建weakref_impl对象赋值给mRefs
    : mRefs(new weakref_impl(this))
{
//    LOGV("Creating refs %p with RefBase %p\n", mRefs, this);
}
RefBase::~RefBase()          // 析构函数,当弱引用计数减为0时,删除mRefs指向的对象
{
//    LOGV("Destroying RefBase %p (refs %p)\n", this, mRefs);
    if (mRefs->mWeak == 0) {
//        LOGV("Freeing refs %p of old RefBase %p\n", mRefs, this);
        delete mRefs;
    }
}
void RefBase::incStrong(const void* id) const  // 增加强引用计数
{
    weakref_impl* const refs = mRefs;
    refs->addWeakRef(id);
    refs->incWeak(id);              // 先增加弱引用计数
    refs->addStrongRef(id);         // 再增加弱引用计数
    const int32_t c = android_atomic_inc(&refs->mStrong);
    LOG_ASSERT(c > 0, "incStrong() called on %p after last strong ref", refs);
#if PRINT_REFS
    LOGD("incStrong of %p from %p: cnt=%d\n", this, id, c);
#endif
    if (c != INITIAL_STRONG_VALUE) {
        return;
    }

    android_atomic_add(-INITIAL_STRONG_VALUE, &refs->mStrong);
    const_cast<RefBase*>(this)->onFirstRef();  // 当第一次强引用时调用
onFirstRef接口
}
void RefBase::decStrong(const void* id) const
{
    weakref_impl* const refs = mRefs;
    refs->removeStrongRef(id);
    const int32_t c = android_atomic_dec(&refs->mStrong); // 减少强引用计数
```

```
#if PRINT_REFS
    LOGD("decStrong of %p from %p: cnt=%d\n", this, id, c);
#endif
    LOG_ASSERT(c >= 1, "decStrong() called on %p too many times", refs);
    if (c == 1) {
        const_cast<RefBase*>(this)->onLastStrongRef(id);    // 当最后一次强
引用对象时回调 onLastStrongRef
        if ((refs->mFlags&OBJECT_LIFETIME_WEAK) != OBJECT_LIFETIME_WEAK) {
            delete this;    // 当目标对象生命周期不受弱引用计数影响时，删除目标对象
        }
    }
    refs->removeWeakRef(id);
    refs->decWeak(id);
}
```

其中，在构造 RefBase 类时，创建了一个 weakref_impl 对象，它用来封装强、弱引用计数变量和目标对象影响标记，它是 weakref_type 的子类。

```
Class RefBase::weakref_impl : public RefBase::weakref_type
{
public:
    volatile int32_t    mStrong;        // 强引用计数变量
    volatile int32_t    mWeak;          // 弱引用计数变量
    RefBase* const      mBase;
    volatile int32_t    mFlags;         // 目标对象是否受引用计数标志变量
    Destroyer*          mDestroyer;
#if !DEBUG_REFS
    weakref_impl(RefBase* base)
        : mStrong(INITIAL_STRONG_VALUE)
        , mWeak(0)
        , mBase(base)
        , mFlags(0)
        // 初始化为 0，即不是 OBJECT_LIFETIME_WEAK，也不是 OBJECT_LIFETIME_FOREVER
        , mDestroyer(0)
    {
    }
```

虚函数 onFirstRef、onLastStrongRef、onLastWeakRef 可以在子类中实现，当 RefBase 的子类对象被第一次强引用、最后一次强引用、最后一次弱引用时被回调，onFirstRef 函数主要用来在 Android 对象创建时做一些初始化操作，onLastStrongRef 用来在 Android 对象销毁前做一些"收尾"工作，如图 6-3 所示。

RefBase 里 incStrong 和 decStrong 用来增加强引用计数，incStrong 增加强引用计数同时增加弱引用计数，在 decStrong 中，减少强引用计数，如果在强引用计数变为 0，并且目标对象标记为非 OBJECT_LIFETIME_WEAK（目标对象生命周期不受弱引用计数影响），删除目标对象。

根据面向对象继承原理，只要我们的类继承 RefBase 类，那么这个子类就拥有更强的"自动管理对象能力"。同时它还能够让子类对象通过覆盖 onXXXRef 方法实现在对象创建时和销毁时完成特定功能的能力，如图 6-4 所示。

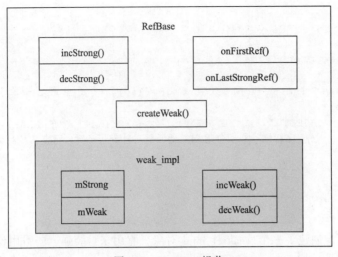
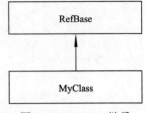

图 6-3 RefBase 操作　　　　图 6-4 RefBase 继承

虽然 RefBase 类提供了强弱引用计数和对应的操作接口，为了实现智能管理对象，通常不需要手动调用强弱引用操作接口，真正对计数进行操作的是强指针引用对象 sp 和弱引用计数 wp 对象。

（1）sp 强指针对象：sp 对象可以通过"->"运行符直接访问目标对象成员，并且直接管理着目标对象的销毁。

（2）wp 弱指针对象：wp 表示对一个目标对象的弱引用，它不能直接访问目标对象成员，只表示两者间存在引用关系，如果 wp 想访问目标对象，则必须由弱引用升级成强引用。

（3）使用 sp 和 wp 有以下规定：

① RefBase 对象中有一个隐含的对象 mRefs，该对象内部有强弱引用计数。
② RefBase 类（或其子类）的对象可以通过 sp 和 wp 对象进行管理。
③ 当目标对象被 sp 引用时，表示对目标对象强引用，其强、弱引用计数各加 1。
④ 当目标对象被 wp 引用时，表示对目标对象弱引用，其弱引用计数加 1。
⑤ 目标对象的生死由 weakref_impl.mFlags 和引用类型决定：

当目标对象 weakref_impl.mFlags 标记为 OBJECT_LIFETIME_FOREVER 时，对象不受强、弱引用计数影响。

当目标对象的强、弱引用计数为 0 且标记为 OBJECT_LIFETIME_WEAK 时，目标对象会被删除。

当目标对象的强引用计数为 0 并且标记为默认值 0（非 OBJECT_LIFETIME_WEAK 和 OBJECT_LIFETIME_FOREVER）时，该目标对象被 delete。

在 5.2 节已经分析过 sp 的实现代码，它通过运算符重载、拷贝构造函数、构造函数、析构函数机制实现了目标对象指针的赋值、引用等操作。

来看使用 sp 的例子，先创建 RefBase 的子类 RefTest.cpp：

```
#include <stdio.h>
#include <utils/RefBase.h>

using namespace android;
```

```cpp
class RefTest: public RefBase
{
public:
RefTest ()
    {
            printf("Construct RefTest Object.\n");
    }

    virtual ~RefTest ()
    {
            printf("Destory RefTest Object. \n");
    }
};

int main(int argc, char** argv)
{
RefTest * pRefTest = new RefTest ();
    sp<RefTest>spRefTest = pRefTest;

    printf("Ref Count: %d.\n", pRefTest->getStrongCount());

    {
            sp<RefTest>spInner = pRefTest;

            printf("Ref Count: %d.\n", RefTest->getStrongCount());
    }

    printf("Ref Count: %d.\n", RefTest->getStrongCount());

    return 0;
}
```

首先定义了一个类 RefTest，它继承了 RefBase，在 RefTest 中的构造函数和析构函数中仅打印一句话。在 main 函数中首先创建一个 RefTest 类的堆对象 pRefTest，然后声明强引用对象 spRefTest，模板类型为 RefTest。根据 RefBase 中对"="运行符重载可知，将 pRefTest 赋值给 spRefTest 时，会增加 pRefTest 强引用计数，打印出当前强引用计数，然后在"{}"内再次将 RefTest 对象赋值给强引用对象 spInner，打印出强引用计数，"{}"内代码执行完毕，spInner 对象销毁，这时在~sp 析构函数内自动将对 RefTest 对象强引用计数减 1。再次打印强引用计数值。

要想查看上述代码的运行结果，根据第 4 章内容可知，必须编写一个 Android.mk 文件：

```
LOCAL_PATH:= $(call my-dir)
include $(CLEAR_VARS)
LOCAL_SRC_FILES:= \
     RefTest.cpp
LOCAL_SHARED_LIBRARIES := \
        libcutils \
        libutils
```

```
LOCAL_MODULE:= RefTest
include $(BUILD_EXECUTABLE)
```

在 Android.mk 中指定用到的两个库：libcutils（Android 中的 C 库）和 libutils（RefBase 所在的库），然后将 RefTest.cpp 编译成应用程序运行。

编译代码（RefTest 工程放在 xxx 目录下）：

```
$ mmm  device/farsight/chapter5/RefTest
```

生成新的 Android 映像：

```
$ make snod
```

运行结果如下：

```
# RefTest
Construct RefTest Object.
Ref Count: 1.
Ref Count: 2.
Ref Count: 1.
Destory RefTest Object.
```

由运行结果可清楚地看到，强引用计数随着 sp 所持有次数在改变，我们总结如下：

- 要想对 Android 本地对象进行智能管理，该对象必须是 RefBase 的子类对象。
- 本地对象必须结合 sp 对象来联合使用，sp 实现了对强引用计数的自动管理。
- 由于强引用计数决定了本地对象的生死，所以 sp 用来持有必须依赖的对象。

6.4 弱引用指针 wp

弱引用指针 wp 表示对一个目标对象的弱引用关系，它不能和 sp 一样直接访问目标对象成员，如果 wp 想访问目标对象，则必须由弱引用升级成强引用。

弱引用 wp 的实现代码：

```
@ frameworks/base/include/utils/RefBase.h
template <typename T>
class wp
{
public:
    typedef typename RefBase::weakref_type weakref_type;

    inline wp() : m_ptr(0) { }

    wp(T* other);
    wp(const wp<T>& other);
    wp(const sp<T>& other);
    template<typename U> wp(U* other);
    template<typename U> wp(const sp<U>& other);
    template<typename U> wp(const wp<U>& other);

    ~wp();

    // Assignment
    wp& operator = (T* other);
```

```
    wp& operator = (const wp<T>& other);
    wp& operator = (const sp<T>& other);

    template<typename U> wp& operator = (U* other);
    template<typename U> wp& operator = (const wp<U>& other);
    template<typename U> wp& operator = (const sp<U>& other);
void set_object_and_refs(T* other, weakref_type* refs);

    // promotion to sp
sp<T> promote() const;

void clear();

private:
    template<typename Y> friend class sp;
    template<typename Y> friend class wp;

    T*              m_ptr;
weakref_type*   m_refs;
};
```

通过代码可知，在 wp 中持有 T 类型指针 m_ptr 和 weakref_type 类型指针 m_refs。通过构造函数可以看出，它可以接收 wp 和 sp 引用或指针来构造新 wp 对象,在 wp 中定义一个 promote 函数，它用来将一个弱引用升级为强引用。wp 也重载了"="运算符，但是没有实现运算符"->""*"，说明我们可以为 wp 赋值，而不能通过 wp 直接访问目标对象，wp 还实现了 clear 方法，该方法用来清除弱引用指针，减少对实际对象的弱引用计数，将 m_ptr 指针清空。

```
template<typename T>
wp<T>::wp(const wp<T>& other)                // 拷贝构造函数，接收弱引用
    : m_ptr(other.m_ptr), m_refs(other.m_refs)
{
    if (m_ptr) m_refs->incWeak(this);
}

template<typename T>
wp<T>::~wp()
{
    if (m_ptr) m_refs->decWeak(this);
}

template<typename T>
wp<T>& wp<T>::operator = (const sp<T>& other) // "=" 运行符重载
{
    weakref_type* newRefs =
        other != NULL ? other->createWeak(this) : 0;
    if (m_ptr) m_refs->decWeak(this);
    m_ptr = other.get();
    m_refs = newRefs;
    return *this;
}
```

```
template<typename T>
void sp<T>::clear()
{
    if (m_ptr) {
        m_ptr->decWeak(this);
        m_ptr = 0;
    }
}
```

当 wp 对象创建或赋值时,都会增加弱引用计数,当 wp 析构时,调用 decWeak 函数减少引用计数。当弱引用计数等于 1 时,要根据 impl->mFlags 标记来决定,当 mFlags 为 OBJECT_LIFETIME_WEAK 时,表示目标对象生命周期受弱引用计数影响,回调 onLastWeakRef 方法,并且删除目标对象,当 mFlags 为 OBJECT_LIFETIME_FOREVER,说明目标对象生命周期不受引用计数影响,目标对象永远不能被删除。

```
@frameworks/base/libs/utils/RefBase.cpp
void RefBase::weakref_type::incWeak(const void* id)
{
    weakref_impl* const impl = static_cast<weakref_impl*>(this);
    impl->addWeakRef(id);
    const int32_t c = android_atomic_inc(&impl->mWeak);
    // Android 自己实现的原子增加计数
    LOG_ASSERT(c >= 0, "incWeak called on %p after last weak ref", this);
}

void RefBase::weakref_type::decWeak(const void* id)
{
    weakref_impl* const impl = static_cast<weakref_impl*>(this);
    impl->removeWeakRef(id);
    const int32_t c = android_atomic_dec(&impl->mWeak);   // 减少弱引用计数
    LOG_ASSERT(c >= 1, "decWeak called on %p too many times", this);
    if (c != 1) return;                    // 当弱引用计数 !=1 时,直接返回

    if ((impl->mFlags&OBJECT_LIFETIME_WEAK) != OBJECT_LIFETIME_WEAK) {
        if (impl->mStrong == INITIAL_STRONG_VALUE)
                                        // 标记为 INITIAL_STRONG_VALUE
            delete impl->mBase;         // 释放 RefBase 对象
        else {
//          LOGV("Freeing refs %p of old RefBase %p\n", this, impl->mBase);
            delete impl;                // 释放内置的 weakref_type 对象
        }
    } else {                            // 标记为 OBJECT_LIFETIME_WEAK
        impl->mBase->onLastWeakRef(id);
        if ((impl->mFlags&OBJECT_LIFETIME_FOREVER) != OBJECT_LIFETIME_FOREVER) {
            delete impl->mBase;         // 标记为非 OBJECT_LIFETIME_FOREVER 时
                                        // 只释放 RefBase 对象
        }
    }
}
```

6.5　智能指针的示例

在 Android 系统中硬件资源通常被共享使用，如摄像头、传感器、Wi-Fi 等。这些硬件资源通常被封装成 Service 用于向其他使用者提供硬件服务，这些使用者被称为 Client。在 Android 应用程序中可能同时多个应用程序使用同一硬件资源，即可能存在多个 Client 要访问 Service。在 Service 中维护这些 Client 对象往往使用智能指针来控制。下面以摄像头为例来进行说明。

摄像头的 Service 为 CameraService 封装类，其定义如下：

```
@frameworks/base/services/camera/libcameraservice/CameraService.h
class CameraService :public BinderService<CameraService>,public BnCameraService
    {
    ……
private:
    wp<Client>           mClient[MAX_CAMERAS];
    ……
class Client : public BnCamera
    {…… }
    }
```

在 CameraService 中定义了一个对象数组 mClient，其成员为 Client 对象的 wp 弱引用类型指针，即该对象并不决定实际对象的生死（mFlags 为默认值）。它主要用于服务端保持对连接客户端对象地址，当 Android 应用程序访问 CameraService 时，调用 Connect 方法来保持和 Service 的连接进行通信。

```
@frameworks/base/services/camera/libcameraservice/CameraService.cpp
sp<ICamera> CameraService::connect(const sp<ICameraClient>& cameraClient,
int cameraId) {
…
    sp<Client> client;
    if (mClient[cameraId] != 0) {
       client = mClient[cameraId].promote();
    …
    return NULL;
            }
    client = new Client(this, cameraClient, hardware, cameraId, info.
facing,callingPid);
    mClient[cameraId] = client;
    return client;
}
```

在 Connect 方法内首先判断 client 对象是否存在，如果存在说明该 client 正在和 Service 进行通信，返回 NULL，如果 client 对象不存在，创建了 client 对象，使用 sp 保持对该对象的强引用，同时将 client 对象的 wp 弱引用保存在 mClient 数组中，sp 强引用 client 在当前方法使用完后被析构，其对象被智能指针管理。

当我们想使用某个 client 对象时，只需要提供其 cameraID 即可，如果该 client 对象已经被智能指针释放，但是由于 wp 指针数组 mClient 还维持着弱引用，可以调用弱引用的 promote

来进行"由弱升强"将对象重新创建并使用。

```
sp<CameraService::Client> CameraService::getClientById(int cameraId) {
    if (cameraId < 0 || cameraId >= mNumberOfCameras) return NULL;
    return mClient[cameraId].promote();
}
```

当 Android 应用程序不在使用 CameraService 时，调用 removeClient 来释放指定的连接。

```
void CameraService::removeClient(const sp<ICameraClient>& cameraClient) {
    for (int i = 0; i < mNumberOfCameras; i++) {
        // 循环遍历所有的客户端连接对象
        sp<Client> client;
        if (mClient[i] == 0) continue;
        client = mClient[i].promote();        // 由弱转强
        if (client == 0) {                    // 如果强引用对象为空
            mClient[i].clear();               // 删除对 Client 对象的弱引用
            continue;
        }
        if (cameraClient->asBinder() == client->getCameraClient()->asBinder()) {
                                              // 如果是指定的待释放连接
            mClient[i].clear();               // 删除对 Client 对象的弱引用
            break;
        }
    }
}
```

智能指针使用要点：

（1）Android 中智能指针分为：轻量级（LightRefBase）和重量级（RefBase），LightRefBase 只能使用 sp 指针，主要用于简单的管理一些全局对象的自动释放，通常用于简单逻辑处理，而 RefBase 相对来说功能更强大，不仅通过 sp 指针决定对象生命周期，还可以通过 wp 指针来维持对象的引用关系，通过"由弱升强"来访问对象成员。并且 RefBase 可以通过设置 mFlags 来限制智能指针对实际对象生命周期的影响。

（2）智能指针可以管理的对象必须是 LightRefBase 或 RefBase 的子类对象。

（3）当使用智能指针管理对象时，不要试图通过 delete 手动删除实际对象。

小　　结

本章首先介绍了为什么使用智能指针来管理 Android 中的 C++ 对象，然后介绍了智能指针，强弱指针和 RegBase 类的相关概念和用法，通过分析实例代码，加深读者对智能指针的认识和理解。

习　　题

1. 为什么在 Android 中使用智能指针？
2. 什么是智能指针？它有什么作用？
3. 什么是弱指针？它有什么作用？
4. 什么是强指针？它有什么作用？

第 7 章

→ Binder 通信

　　Binder 本意是指曲别针，回形针，主要用来将两张或多张纸片"别"在一起。而在 Android 系统中，Binder 的引申意为将运行在 Linux 系统中的不同进程连通在一起，完成进程间通信(IPC)。

　　Binder 机制是由 George Hoffman 开发的 OpenBinder 开源项目演变而来，OpenBinder 旨在研究一个高效的信号传递工具，允许在不同进程间以较低的代价相互传递信号，从而使多个进程相互协作，共同形成一个软件体系。它后期由 Dinnie Hackborn 维护，在 Hackborn 加入 Google 后，将 OpenBinder 机制引入 Android Binder 中，用来管理 Android 的进程。

　　Binder 原本是一个进程间的通信工具，在 Android Biner 中它主要用于实现 RPC（Remote Procedure Call，远程调用），使得当前进程调用另外一个进程的函数时就好像调用自己进程空间函数一样简单。

　　在每一个支持 Binder RPC 的进程中都维护着一个线程池（Thread pool），该线程池中的线程用来为其他进程提出的 RPC 通信服务。

学习目标

- 了解 Binder 机制。
- 熟悉 Binder 的驱动。
- 熟悉 Binder 的框架分析。

7.1　Android 进程空间与 Binder 机制

　　Android 是基于 Linux 内核的操作系统，在 Linux 操作系统中每个进程都运行在自己独立的虚拟地址空间（0～3 GB），对于不同的进程，其进程空间地址虽然重合，但是其物理内存空间却相互独立。对于 32 位机而言，4 GB 的地址空间的高 1 GB 为内核空间，如图 7-1 所示。

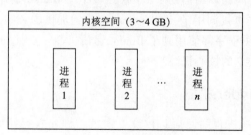

图 7-1　用户进程空间

　　由于不同进程地址空间对应的物理内存空间不同，所以不同进程中运行的代码之间不能相互调用。显然，进程之间不可能没有联系，必然要进行通信，例如：手机中的联系人与电话应用、输入法与带有输入框的应用等。由图 7-1 可知，虽然不同的进程空间相互独立，但是内核空间却是共享的，因此，不同进程间通信必然要借助于共享的内核空间。

Linux 系统的 IPC 通信机制分为两大类：System V 进程间通信和 BSD 进程间通信。其中 System V 的通信方式有：信号、管道（Pipe）、信号量（Semaphores）、共享内存、消息队列。BSD 通信方式为 Socket。这 6 种 IPC 方式都可以实现进程间数据共享或传递，这些通信方式在 Android 系统中基本上全部都使用到了。

虽然 Linux 系统支持上述 6 种 IPC 方式，Android 系统却使用了功能更丰富的 Binder 通信机制，它不仅仅可以实现不同进程间的 IPC 通信，还可以用来执行 RPC 远程调用。

当 Android 的应用程序试图与另外一个进程进行 IPC 通信时，先将自己的"通信请求"交给各进程共享的 Binder Driver，然后 Binder Driver 将"通信请求"转交给目标进程，目标进程将通信结果以相同的方式发送给 Binder Driver，Binder Driver 再将结果返回给通信发出者（见图 7-2）。显然，Binder Driver 在整个通信过程中起到了"媒介"的作用。

例如：传感器服务作为 Android 系统的一部分，运行在独立的 SystemServer 进程中，由 SensorService 类封装了所有的传感器操作接口，当运行在独立进程中的应用程序访问传感器时，通过 RPC 调用 SystemServer 中的 SensorService 的操作接口，控制传感器硬件。RPC 调用请求通过内核空间里的 Binder 驱动传递，如图 7-2 所示。

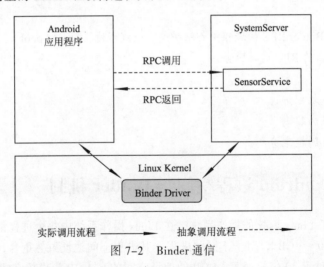

图 7-2 Binder 通信

在上述调用中，进程间的调用借助了 Linux 内核中的 Binder Driver 驱动，通过 Binder 机制的封装，就像应用程序直接调用了 SystemServer 进程提供的 SensorService 一样简单。在 Android 系统中每一个应用程序都使用到了 Binder 通信机制，它是 Android 应用程序进行硬件访问、使用服务、数据共享的核心保障。

7.1.1 Android 的 Binder 机制

Binder 是 Android 系统进程间通信（IPC）方式之一。Linux 已经拥有管道，System V IPC，Socket 等 IPC 手段，却还要倚赖 Binder 来实现进程间通信，说明 Binder 具有无可比拟的优势。

基于 Client-Server 的通信方式广泛应用于从互联网和数据库访问到嵌入式手持设备内部通信等各个领域。智能手机平台特别是 Android 系统中，为了向应用开发者提供丰富的功能，这种通信方式更是无处不在，诸如媒体播放、音频、视频捕获，以及各种让手机更智能的传感器（加速度，方位，温度，光亮度等），这些都由不同的 Server 负责管理，应用程序只须作为 Client 与这些 Server 建立连接便可以使用这些服务。使用者花很少的时间和精力就能开发出令人眩目的功能。Client-Server 方式的广泛应用对进程间通信（IPC）机制是一个挑战。目前 Linux 支持的 IPC 包括传统的管道、System V IPC，即消息队列/共享内存/信号量，以及只有 Socket 支持的 Client-Server 通信方式。当然也可以在这些底层机制上架设一套协议来实现 Client-Server 通信，但这样增加了系统的复杂性，在手机环境下可靠性也难以保证。

另一方面是传输性能。Socket 作为一款通用接口，其传输效率低，开销大，主要用在跨网络的进程间通信和本机上进程间的低速通信。消息队列和管道采用存储-转发方式，即数据先从发送方缓存区复制到内核开辟的缓存区中，然后再从内核缓存区复制到接收方缓存区，至少有两次复制过程。共享内存虽然无须复制，但控制复杂，难以使用，不同 IPC 方式传输时复制数据的次数如表 7-1 所示。

表 7-1 各种 IPC 方式数据复制次数

IPC	数据复制次数
共享内存	0
Binder	1
Socket/管道/消息队列	2

还有一点是出于安全性考虑。Android 作为一个开放式、拥有众多开发者的的平台，应用程序的来源广泛，确保智能终端的安全是非常重要的。终端用户不希望从网上下载的程序在不知情的情况下偷窥隐私数据，连接无线网络，长期操作底层设备导致电池很快耗尽，等等。传统 IPC 没有任何安全措施，完全依赖上层协议。首先，传统 IPC 的接收方无法获得对方进程可靠的 UID/PID（用户 ID/进程 ID），从而无法鉴别对方身份。Android 为每个安装好的应用程序分配了自己的 UID，故进程的 UID 是鉴别进程身份的重要标志。使用传统 IPC 只能由用户在数据包里填入 UID/PID，但这样不可靠，容易被恶意程序利用。可靠的身份标记只有由 IPC 机制本身在内核中添加。其次传统 IPC 访问接入点是开放的，无法建立私有通道。比如命名管道的名称，System V 的键值，Socket 的 IP 地址或文件名都是开放的，只要知道这些接入点的程序都可以和对端建立连接，不管怎样都无法阻止恶意程序通过猜测接收方地址获得连接。

基于以上原因，Android 需要建立一套新的 IPC 机制来满足系统对通信方式、传输性能和安全性的要求，这就是 Binder。Binder 基于 Client-Server 通信模式，传输过程只需一次复制，为发送方添加 UID/PID 身份，既支持实名 Binder 也支持匿名 Binder，安全性高。

7.1.2 面向对象的 Binder IPC

Binder 使用 Client-Server 通信方式：一个进程作为 Server，提供诸如视频/音频解码、视频捕获、地址本查询、网络连接等服务；多个进程作为 Client，向 Server 发起服务请求，获得所需要的服务。要想实现 Client-Server 通信据必须实现以下两点：一是 Server 必须有确定的访问接入点（地址）来接受 Client 的请求，并且 Client 可以通过某种途径获知 Server 的地址；二是制定 Command-Reply 协议来传输数据。例如，在网络通信中 Server 的访问接入点就是 Server 主机的 IP 地址+端口号，传输协议为 TCP 协议。对 Binder 而言，Binder 可以看成 Server 提供的实现某个特定服务的访问接入点，Client 通过这个"地址"向 Server 发送请求来使用该服务；对 Client 而言，Binder 可以看成是通向 Server 的管道入口，要想和某个 Server 通信首先必须建立这个管道并获得管道入口。

与其他 IPC 不同，Binder 使用了面向对象的思想来描述作为访问接入点的 Binder 及其在 Client 中的入口：Binder 是一个实体位于 Server 中的对象，该对象提供了一套方法用以实现对服务的请求，就像类的成员函数。遍布于 Client 中的入口可以看成指向这个 Binder 对象的"指针"，一旦获得了这个"指针"就可以调用该对象的方法访问 Server。在 Client 看来，通过 Binder "指针"调用其提供的方法和通过指针调用其他任何本地对象的方法并无区别，尽管前者的实体位于远端 Server 中，而后者实体位于本地内存中。"指针"是 C++的术语，而更通常的说法是引用，即 Client 通过 Binder 的引用访问 Server。而软件领域另一个术语"句柄"也可以用来表述 Binder 在 Client 中的存在方式。从通信的角度看，Client 中的 Binder 也可以看作是 Server Binder 的"代理"，在本地代表远端 Server 为 Client 提供服务。本书中会使用"引用"或"句柄"这个两广泛使用的术语。

面向对象思想的引入将进程间通信转化为通过对某个 Binder 对象的引用调用该对象的方法，而其独特之处在于 Binder 对象是一个可以跨进程引用的对象，它的实体位于一个进程中，而它的引用却遍布于系统的各个进程之中。最诱人的是，这个引用和 Java 里引用一样既可以是强类型，也可以是弱类型，而且可以从一个进程传给其他进程，让大家都能访问同一个 Server，就像将一个对象或引用赋值给另一个引用一样。Binder 模糊了进程边界，淡化了进程间通信过程，整个系统仿佛运行于同一个面向对象的程序之中。形形色色的 Binder 对象以及星罗棋布的引用仿佛是粘接各个应用程序的胶水，这也是 Binder 在英文里的原意。

当然面向对象只是针对应用程序而言，Binder 驱动和内核的其他模块一样，使用 C 语言实现，没有类和对象的概念。Binder 驱动为面向对象的进程间通信提供底层支持。

7.2 Binder 框架分析

Binder 框架定义了四个角色：Server、Client、ServiceManager（以下简称 SMgr）以及驱动。其中 Server、Client、SMgr 运行于用户空间，驱动运行于内核空间。这四个角色的关系和互联网类似：Server 是服务器，Client 是客户终端，SMgr 是域名服务器（DNS），驱动是路由器。

7.2.1 Binder Driver

Binder Driver 是 Linux 的字符设备驱动程序，它通过 open、mmap、ioctl 等系统调用直接访问。

Binder Driver 作为 Android 系统必须依赖的核心驱动，被编译进行 Linux 内核。

```
@ arch/arm/configs/a13_nuclear_defconfig
#
# Android
#
CONFIG_ANDROID=y
```

```
CONFIG_ANDROID_BINDER_IPC=y
CONFIG_ANDROID_LOGGER=y
CONFIG_ANDROID_RAM_CONSOLE=y
CONFIG_ANDROID_RAM_CONSOLE_ENABLE_VERBOSE=y
CONFIG_ANDROID_RAM_CONSOLE_EARLY_INIT=y
CONFIG_ANDROID_RAM_CONSOLE_EARLY_ADDR=0
CONFIG_ANDROID_RAM_CONSOLE_EARLY_SIZE=0
CONFIG_ANDROID_TIMED_OUTPUT=y
CONFIG_ANDROID_LOW_MEMORY_KILLER=y
```

注：该部分代码由 Google 的 Android 团队来维护，不需要编写和修改。

如图 7-3 所示，应用程序作为客户端在通过 Binder 机制进行 RPC 操作时，先通过 open() 打开 Binder 驱动文件描述符。然后通过 mmap() 在内核中开辟一块内存来保存接收到的 IPC 数据，最后再调用 ioctl() 将 IPC 数据作为参数，传递给 Binder 驱动，Binder 驱动再将数据和请求转交给作为服务器端的目标进程。

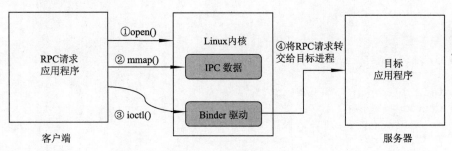

图 7-3 Binder RPC 操作

7.2.2 Open Binder Driver

既然需要进行 RPC 的应用程序都需要 Binder 通信机制，这就意味着这些应用程序都需要打开 Binder 驱动，一个作为服务器端，一个作为客户端。

我们以传感器应用程序访问传感器设备服务为例，分析 Binder Driver 打开及通信过程。

服务器端打开 Binder 驱动。Android 服务都在 SystemServer 进程中，SystemServer 的 main() 方法最后部分调用了 libandroid_servers.so 中的本地 init1() 方法来完成对 Native 服务的初始化，然后再由 init1() 方法回调 SystemServer 中的 init2() 方法来完成 Java 运行时服务的初始化。在 init1() 方法实现中，为了初始化 Native 服务，需要调用 system_init() 方法初始化 Native 服务需要的环境，其中就包含打开 Binder 驱动。

```
@frameworks/base/cmds/system_server/library/system_init.cpp
extern "C" status_t system_init()
{
    LOGI("Entered system_init()");
    // 获得 ProcessState 单例对象 proc
    sp<ProcessState> proc(ProcessState::self());

    sp<IServiceManager> sm = defaultServiceManager();
    LOGI("ServiceManager: %p\n", sm.get());
```

```cpp
    sp<GrimReaper> grim = new GrimReaper();
    sm->asBinder()->linkToDeath(grim, grim.get(), 0);
@ frameworks/base/libs/binder/Static.cpp
sp<ProcessState> gProcess;
@ frameworks/base/include/binder/ProcessState.h
class ProcessState : public virtual RefBase
{
public:
    static sp<ProcessState>    self();
@ frameworks/base/libs/binder/ProcessState.cpp
sp<ProcessState> ProcessState::self()
{
    if (gProcess != NULL) return gProcess;

    AutoMutex _l(gProcessMutex);
    if (gProcess == NULL) gProcess = new ProcessState;
    return gProcess;
}

static int open_driver()
{
    int fd = open("/dev/binder", O_RDWR);
    if (fd >= 0) {
        fcntl(fd, F_SETFD, FD_CLOEXEC);
        int vers;
        status_t result = ioctl(fd, BINDER_VERSION, &vers);
        if (result == -1) {
            LOGE("Binder ioctl to obtain version failed: %s", strerror(errno));
            close(fd);
            fd = -1;
        }
        if (result != 0 || vers != BINDER_CURRENT_PROTOCOL_VERSION) {
            LOGE("Binder driver protocol does not match user space protocol!");
            close(fd);
            fd = -1;
        }
        size_t maxThreads = 15;
        result = ioctl(fd, BINDER_SET_MAX_THREADS, &maxThreads);
        if (result == -1) {
            LOGE("Binder ioctl to set max threads failed: %s", strerror(errno));
        }
    } else {
        LOGW("Opening '/dev/binder' failed: %s\n", strerror(errno));
    }
    return fd;
}
```

```
ProcessState::ProcessState()        // ProcessState构造方法
    : mDriverFD(open_driver())      // 调用open_driver()打开驱动,为mDriverFD
                                    //驱动文件描述符赋值
    , mVMStart(MAP_FAILED)
    , mManagesContexts(false)
    , mBinderContextCheckFunc(NULL)
    , mBinderContextUserData(NULL)
    , mThreadPoolStarted(false)
    , mThreadPoolSeq(1)
{
    if (mDriverFD >= 0) {
        // XXX Ideally, there should be a specific define for whether
        // we have mmap (or whether we could possibly have the kernel
        // module availabla).
#if !defined(HAVE_WIN32_IPC)
        // mmap the binder, providing a chunk of virtual address space to
receive transactions.
        mVMStart = mmap(0, BINDER_VM_SIZE, PROT_READ, MAP_PRIVATE | MAP_
NORESERVE, mDriverFD, 0);
        if (mVMStart == MAP_FAILED) {
            // *sigh*
            LOGE("Using /dev/binder failed: unable to mmap transaction
memory.\n");
            close(mDriverFD);
            mDriverFD = -1;
        }
#else
        mDriverFD = -1;
#endif
    }

    LOG_ALWAYS_FATAL_IF(mDriverFD < 0, "Binder driver could not be opened.
Terminating.");
}
```

7.2.3　ServiceManager 与实名 Binder

和 DNS 类似,SMgr 的作用是将字符形式的 Binder 名字转化成 Client 中对该 Binder 的引用,使得 Client 能够通过 Binder 名字获得对 Server 中 Binder 实体的引用。注册了名字的 Binder 叫实名 Binder,就像每个网站除了有 IP 地址外都有自己的网址。Server 创建了 Binder 实体,为其取一个字符形式的可读易记的名字,将这个 Binder 连同名字以数据包的形式通过 Binder 驱动发送给 SMgr,通知 SMgr 注册一个名叫张三的 Binder,它位于某个 Server 中。驱动为这个穿过进程边界的 Binder 创建位于内核中的实体结点以及 SMgr 对实体的引用,将名字及新建的引用传递给 SMgr。SMgr 收数据包后,从中取出名字和引用填入一张查找表中。

细心的读者可能会发现其中的蹊跷:SMgr 是一个进程,Server 是另一个进程,Server 向 SMgr

注册 Binder 必然会涉及进程间通信。当前实现的是进程间通信却又要用到进程间通信，这就好像蛋可以孵出鸡的前提却是要找只鸡来孵蛋。Binder 的实现比较巧妙：预先创造一只鸡来孵蛋。SMgr 和其他进程同样采用 Binder 通信，SMgr 是 Server 端，有自己的 Binder 实体，其他进程都是 Client，需要通过这个 Binder 的引用来实现 Binder 的注册、查询和获取。SMgr 提供的 Binder 比较特殊，它没有名字也不需要注册，当一个进程使用 BINDER_SET_CONTEXT_MGR 命令将自己注册成 SMgr 时，Binder 驱动会自动为它创建 Binder 实体（这就是那只预先造好的鸡）。这个 Binder 的引用在所有 Client 中都固定为 0 而无须通过其他手段获得。也就是说，一个 Server 若要向 SMgr 注册自己 Binder 就必须通过 0 这个引用和 SMgr 的 Binder 通信。类比网络通信，0 号引用就好比域名服务器的地址，必须手动或动态配置好。注意：这里说的 Client 是相对 SMgr 而言的，一个应用程序是个提供服务的 Server，但对 SMgr 来说它仍然是个 Client。

Server 向 SMgr 注册了 Binder 实体及其名字后，Client 就可以通过名字获得该 Binder 的引用了。Client 也利用保留的 0 号引用向 SMgr 请求访问某个 Binder："申请获得名字叫张三的 Binder 的引用。"SMgr 收到这个连接请求，从请求数据包里获得 Binder 的名字，在查找表里找到该名字对应的条目，从条目中取出 Binder 的引用，将该引用作为回复发送给发起请求的 Client。从面向对象的角度，这个 Binder 对象现在有了两个引用：一个位于 SMgr 中，一个位于发起请求的 Client 中。如果接下来有更多的 Client 请求该 Binder，系统中就会有更多的引用指向该 Binder，就像 Java 里一个对象存在多个引用一样。而且类似的这些指向 Binder 的引用是强类型，从而确保只要有引用 Binder 实体就不会被释放掉。通过以上过程可以看出，SMgr 像火车票代售点，收集了所有火车的车票，可以通过它购买到乘坐各趟火车的票，即得到某个 Binder 的引用。

并不是所有 Binder 都需要注册给 SMgr 广而告之的。Server 端可以通过已经建立的 Binder 连接将创建的 Binder 实体传给 Client，当然这条已经建立的 Binder 连接必须通过实名 Binder 实现。由于这个 Binder 没有向 SMgr 注册名字，所以是个匿名 Binder。Client 将会收到这个匿名 Binder 的引用，通过这个引用向位于 Server 中的实体发送请求。匿名 Binder 为通信双方建立一条私密通道，只要 Server 没有把匿名 Binder 发给别的进程，别的进程就无法通过穷举或猜测等任何方式获得该 Binder 的引用，向该 Binder 发送请求。

7.3　Android Binder 协议

Binder 协议基本格式是（命令+数据），使用 ioctl(fd, cmd, arg)函数实现交互。命令由参数 cmd 承载，数据由参数 arg 承载，随 cmd 不同而不同。表 7-2 列举了所有命令及其所对应的数据。

其中，最常用的命令是 BINDER_WRITE_READ。该命令的参数包括两部分数据：一部分是向 Binder 写入的数据，一部分是要从 Binder 读出的数据，驱动程序先处理写部分再处理读部分。这样安排的好处是应用程序可以很灵活地处理命令的同步或异步。例如若要发送异步命令可以只填入写部分而将 read_size 置 0；若要只从 Binder 获得数据可以将写部分置空，即 write_size 置 0；若要发送请求并同步等待返回数据可以将两部分都置 0。

表 7-2 Binder 通信命令字

消　息	含　义	参　数

BINDER_WRITE_READ	该命令向 Binder 写入或读取数据。参数分为两段：写部分和读部分。如果 write_size 不为 0 就先将 write_buffer 里的数据写入 Binder；如果 read_size 不为 0 再从 Binder 中读取数据存入 read_buffer 中。write_consumed 和 read_consumed 表示操作完成时 Binder 驱动实际写入或读出的数据个数	struct binder_write_read {
		signed long write_size;
		signed long write_consumed;
		unsigned long write_buffer;
		signed long read_size;
		signed long read_consumed;
		unsigned long read_buffer;
		};

BINDER_SET_MAX_THREADS	该命令告知 Binder 驱动接收方(通常是 Server 端)线程池中最大的线程数。由于 Client 是并发向 Server 端发送请求的，Server 端必须开辟线程池为这些并发请求提供服务。告知驱动线程池的最大值是为了让驱动在线程达到该值时不要再命令接收端启动新的线程	int max_threads;
BINDER_SET_CONTEXT_MGR	将当前进程注册为 SMgr。系统中同时只能存在一个 SMgr。只要当前的 SMgr 没有调用 close()关闭 Binder 驱动就不能有别的进程可以成为 SMgr	
BINDER_THREAD_EXIT	通知 Binder 驱动当前线程退出了。Binder 会为所有参与 Binder 通信的线程（包括 Server 线程池中的线程和 Client 发出请求的线程）建立相应的数据结构。这些线程在退出时必须通知驱动释放相应的数据结构	
BINDER_VERSION	获得 Binder 驱动的版本号	

7.3.1　BINDER_WRITE_READ 之写操作

Binder 写操作的数据时格式同样也是（命令+数据）。这时候命令和数据都存放在 binder_write_read 结构 write_buffer 域指向的内存空间里，多条命令可以连续存放。数据紧接着存放在命令后面，格式根据命令不同而不同。表 7-3 列举了 Binder 写操作支持的命令。

表 7-3　Binder 写操作命令字

消　息	含　义	参　数
BC_TRANSACTION BC_REPLY	BC_TRANSACTION 用于写入请求数据；BC_REPLY 用于写入回复数据。其后面紧接着一个 binder_transaction_data 结构体表明要写入的数据	struct binder_transaction_data
BC_ACQUIRE_RESULT BC_ATTEMPT_ACQUIRE	暂未实现	
BC_FREE_BUFFER	释放一块映射的内存。Binder 接收方通过 mmap()映射一块较大的内存空间，Binder 驱动基于这片内存采用最佳匹配算法实现接收数据缓存的动态分配和释放，满足并发请求对接收缓存区的需求。应用程序处理完这片数据后必须尽快使用该命令释放缓存区，否则会因为缓存区耗尽而无法接收新数据	指向需要释放的缓存区的指针；该指针位于收到的 Binder 数据包中

续表

消 息	含 义	参 数
BC_INCREFS BC_ACQUIRE BC_RELEASE BC_DECREFS	这组命令可增加或减少 Binder 的引用计数，用以实现强指针或弱指针的功能	32 位 Binder 引用号
BC_INCREFS_DONE BC_ACQUIRE_DONE	第一次增加 Binder 实体引用计数时，驱动向 Binder 实体所在的进程发送 BR_INCREFS、BR_ACQUIRE 消息；Binder 实体所在的进程处理完毕回馈 BC_INCREFS_DONE、BC_ACQUIRE_DONE	void *ptr: Binder 实体在用户空间中的指针 void *cookie: 与该实体相关的附加数据
BC_REGISTER_LOOPER BC_ENTER_LOOPER BC_EXIT_LOOPER	这组命令同 BINDER_SET_MAX_THREADS 一道实现 Binder 驱动对接收方线程池管理。BC_REGISTER_LOOPER 通知驱动线程池中一个线程已经创建了；BC_ENTER_LOOPER 通知驱动该线程已经进入主循环，可以接收数据；BC_EXIT_LOOPER 通知驱动该线程退出主循环，不再接收数据	
BC_REQUEST_DEATH_NOTIFICATION	获得 Binder 引用的进程通过该命令要求驱动在 Binder 实体销毁得到通知。虽说强指针可以确保只要有引用就不会销毁实体，但这毕竟是个跨进程的引用，谁也无法保证实体由于所在的 Server 关闭 Binder 驱动或异常退出而消失，引用者能做的是要求 Server 在此刻给出通知	uint32 *ptr: 需要得到死亡通知的 Binder 引用 void **cookie: 与死亡通知相关的信息，驱动会在发出死亡通知时返回给发出请求的进程
BC_DEAD_BINDER_DONE	收到实体死亡通知书的进程在删除引用后用本命令告知驱动	void **cookie

在这些命令中，最常用的是 BC_TRANSACTION/BC_REPLY 命令对，Binder 数据通过这对命令发送给接收方。这对命令所承载的数据包由结构体 struct binder_transaction_data 定义。Binder 交互有同步和异步之分，利用 binder_transaction_data 中 flag 域区分。如果 flag 域的 TF_ONE_WAY 位为 1 则为异步交互，即 Client 端发送完请求交互即结束，Server 端不再返回 BC_REPLY 数据包；否则 Server 会返回 BC_REPLY 数据包，Client 端必须等待接收完该数据包方才完成一次交互。

7.3.2 BINDER_WRITE_READ 之从 Binder 读出数据

从 Binder 里读出的数据格式和向 Binder 中写入的数据格式一样，采用"消息 ID+数据"的形式，并且多条消息可以连续存放。表 7-4 列举了从 Binder 读出的命令字及其相应的参数。

表 7-4 Binder 读操作命令字

消 息	含 义	参 数
BR_ERROR	发生内部错误（如内存分配失败）	
BR_OK BR_NOOP	操作完成	

续表

消 息	含 义	参 数
BR_SPAWN_LOOPER	该消息用于接收方线程池管理。当驱动发现接收方所有线程都处于忙碌状态且线程池里的线程总数没有超过 BINDER_SET_MAX_THREADS 设置的最大线程数时,向接收方发送该命令要求创建更多线程以备接收数据	
BR_TRANSACTION BR_REPLY	这两条消息分别对应发送方的 BC_TRANSACTION 和 BC_REPLY,表示当前接收的数据是请求或是回复。	binder_transaction_data
BR_ACQUIRE_RESULT BR_ATTEMPT_ACQUIRE BR_FINISHED	尚未实现	
BR_DEAD_REPLY	交互过程中如果发现对方进程或线程已经死亡则返回该消息	
BR_TRANSACTION_COMPLETE	发送方通过 BC_TRANSACTION 或 BC_REPLY 发送完一个数据包后,都能收到该消息成功发送的反馈。这和 BR_REPLY 不一样,是驱动告知发送方已经发送成功,而不是接收方返回请求数据。所以不管同步还是异步交互接收方都能获得本消息	
BR_INCREFS BR_ACQUIRE BR_RELEASE BR_DECREFS	这一组消息用于管理强/弱指针的引用计数。只有提供 Binder 实体的进程才能收到这组消息。	void *ptr: Binder 实体在用户空间中的指针 void *cookie: 与该实体相关的附加数据
BR_DEAD_BINDER BR_CLEAR_DEATH_NOTIFICATION_DONE	向获得 Binder 引用的进程发送 Binder 实体死亡通知书;收到死亡通知书的进程接下来会返回 BC_DEAD_BINDER_DONE 做确认	void **cookie:在使用 BC_REQUEST_DEATH_NOTIFICATION 注册死亡通知时的附加参数
BR_FAILED_REPLY	如果发送非法引用号则返回该消息	

和写数据一样,其中最重要的消息是 BR_TRANSACTION 或 BR_REPLY,表明收到了一个格式为 binder_transaction_data 的请求数据包(BR_TRANSACTION)或返回数据包(BR_REPLY)。

7.3.3 struct binder_transaction_data:收发数据包结构

该结构是 Binder 接收/发送数据包的标准格式,每个成员定义如表 7-5 所示。

表 7-5 Binder 收发数据包结构 binder_transaction_data 成员定义

成 员	含 义
union { size_t handle; void *ptr; } target;	对于发送数据包的一方,该成员指明发送目的地。由于目的是在远端,所以这里填入的是对 Binder 实体的引用,存放在 target.handle 中。如前所述,Binder 的引用在代码中也叫句柄(handle)。 当数据包到达接收方时,驱动已将该成员修改成 Binder 实体,即指向 Binder 对象内存的指针,使用 target.ptr 来获得。该指针是接收方在将 Binder 实体传给其他进程时提交给驱动的,驱动程序能够自动将发送方填入的引用转换成接收方 Binder 对象的指针,故接收方可以直接将其当作对象指针来使用(通常是将其 reinterpret_cast 成相应类)

续表

成员	含义
void *cookie;	发送方忽略该成员；接收方收到数据包时，该成员存放的是创建 Binder 实体时由该接收方自定义的任意数值，作为与 Binder 指针相关的额外信息存放在驱动中。驱动基本上不关心该成员
unsigned int code;	该成员存放收发双方约定的命令码，驱动完全不关心该成员的内容。通常是 Server 端定义的公共接口函数的编号
unsigned int flags;	与交互相关的标志位，其中最重要的是 TF_ONE_WAY 位。如果该位上表明这次交互是异步的，接收方不会返回任何数据。驱动利用该位来决定是否构建与返回有关的数据结构。另外一位 TF_ACCEPT_FDS 是出于安全考虑，如果发起请求的一方不希望在收到的回复中接收文件形式的 Binder 可以将该位置上。因为收到一个文件形式的 Binder 会自动为接收方打开一个文件，使用该位可以防止打开文件过多
pid_t sender_pid; uid_t sender_euid;	该成员存放发送方的进程 ID 和用户 ID，由驱动负责填入，接收方可以读取该成员获知发送方的身份
size_t data_size;	该成员表示 data.buffer 指向的缓冲区存放的数据长度。发送数据时由发送方填入，表示即将发送的数据长度；在接收方用来告知接收到数据的长度
size_t offsets_size;	驱动一般情况下不关心 data.buffer 里存放什么数据，但如果有 Binder 在其中传输则需要将其相对 data.buffer 的偏移位置指出来让驱动知道。有可能存在多个 Binder 同时在数据中传递，所以须用数组表示所有偏移位置。本成员表示该数组的大小

union {
  struct {
    const void *buffer;
    const void *offsets;
  } ptr;
  uint8_t buf[8];
} data;
	data.bufer 存放要发送或接收到的数据；data.offsets 指向 Binder 偏移位置数组，该数组可以位于 data.buffer 中，也可以在另外的内存空间中，并无限制。buf[8]是为了无论保证 32 位还是 64 位平台，成员 data 的大小都是 8 字节

  这里有必要再强调一下，offsets_size 和 data.offsets 两个成员，这是 Binder 通信有别于其他 IPC 的地方。如前所述，Binder 采用面向对象的设计思想，一个 Binder 实体可以发送给其他进程，从而建立许多跨进程的引用；另外这些引用也可以在进程之间传递，就像 Java 里将一个引用赋给另一个引用一样。为 Binder 在不同进程中建立引用必须有驱动的参与，由驱动在内核创建并注册相关的数据结构后接收方才能使用该引用。而且这些引用可以是强类型，需要驱动为其维护引用计数。然而这些跨进程传递的 Binder 混杂在引用程序发送的数据包里，数据格式完全由用户定义，如果不把它们一一标记出来告知驱动，驱动将无法从数据中将它们提取出来。于是就使用数组 data.offsets 存放用户数据中每个 Binder 相对 data.buffer 的偏移量，用 offsets_size 表示这个数组的大小。驱动在发送数据包时会根据 data.offsets 和 offset_size 将散落于 data.buffer 中的 Binder 找出来并一一为它们创建相关的数据结构。在数据包中传输的 Binder 是类型为 struct flat_binder_object 的结构体。

  接收方来说，该结构只相当于一个定长的消息头，真正的用户数据存放在 data.buffer 所指向的缓存区中。如果发送方在数据中内嵌了一个或多个 Binder，接收到的数据包中同样会用 data.offsets 和 offset_size 指出每个 Binder 的位置和总个数。不过通常接收方可以忽略这些信息，因为接收方是知道数据格式的，参考双方约定的格式定义就能知道这些 Binder 在什么位置。

小　结

本章介绍了 Binder 的四个组成部分：Service Server（含有的 Android 服务）、Service Clien（使用服务的客户端）、ContextManager（确定服务的位置），以及 Binder Driver（Binder 的驱动）。就像组件一样，Android 提供的各种功能被细分成一些具有特定功能的服务。使用这些服务的进程通过 IPC 数据与服务进行相关作用。通过本章的学习可以加深读者对 Binder 的理解，为进一步理解 Android Framework 的内部机制打下基础。

习　题

1. Linux 中的 IPC 机制有哪些方式？
2. Android 中 Binder 机制中的核心思想是什么？
3. Android Binder 的四个组成部分是什么？每一部分实现什么功能？

第8章 Android HAL 硬件抽象层

HAL（Hardware AbstractLayer）硬件抽象层是 Google 开发的 Android 系统里上层应用对底层硬件操作屏蔽的一个软件层次，通俗来讲，就是上层的应用不用关心底层硬件具体如何工作，只要向上层提供一个统一的接口即可，这种设计思想广泛存在于当前的软件架构设计里。

学习目标：

- 了解 Android HAL。
- 熟悉 Android HAL Module 架构。
- 熟悉 Android HAL Stub 代理架构。
- 掌握 Android LED HAL 代码编写方法。

8.1　Android HAL 介绍

严格来讲，Android 系统里完全可以没有 HAL 硬件抽象层，上层应用层可以通过 API 和 JNI 技术访问到底层硬件，但是 Android 自出现开始一直打着开源的旗号，而一些硬件厂商由于商业因素，不希望自己的核心代码开源出来，而只是提供二进制代码。另外，Android 系统里使用的一些硬件设备接口可能支持 Linux Kernel Driver 的统一接口，并且 Linux 内核中使用相当严格的 GPL 版权，所有内核代码必须开源，Google 为了让自己的 Android 系统跑在更多的硬件设备上并支持更多的设备类型，在 Android 的架构里提出了 HAL 的概念。

Android 系统架构图如图 8-1 所示。

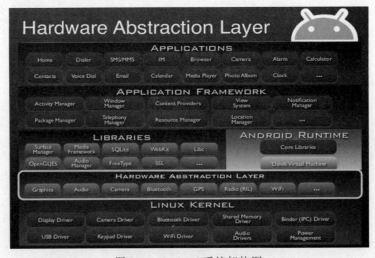

图 8-1　Android 系统架构图

HAL 其实就是硬件设备抽象的意思，Android 系统的功能不依赖于某一个具体的硬件驱动，而是依赖于 HAL 代码，相当于将 Linux 的设备驱动分为两部分，一部分在 Kernel 中使用 GPL 协议开源一些非核心的接口访问代码，另外一部分在 Kernel 上的应用层使用 Apache 协议，主要是硬件厂商不希望开源的逻辑代码，仅提供二进制代码，如图 8-2 所示。

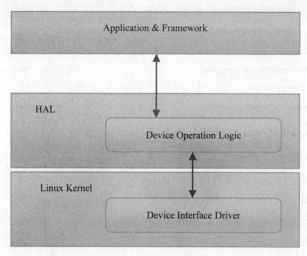

图 8-2　Android HAL

8.1.1　HAL 存在的原因

　　Android HAL 有两种架构形式：Module 架构和 Stub 代理架构。

　　Module 架构是 2008 年以前的 Android 系统使用的旧架构，HAL 的代码被编译生成动态模块库，Android 应用程序和框架层通过 JNI 加载并调用 HAL Module 库代码，在 HAL Module 库中再去访问设备驱动，如图 8-3 所示。

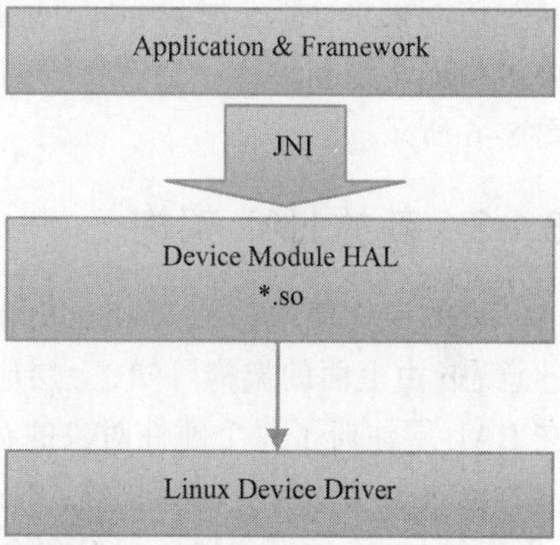

图 8-3　Android HAL Module 架构

8.1.2　Module 架构

　　旧的架构比较好理解，Android 用户应用程序或框架层代码由 Java 实现，Java 运行在 Dalvik 虚拟机中，没有办法直接访问底层硬件，只能通过调用 so 本地库代码实现，在 so 本地库代码里有对底层硬件操作代码，如图 8-4 所示。

　　也就是说，应用层或框架层 Java 代码，通过 JNI 技术调用 C 或 C++写的 so 库代码，在 so 库代码中调用底层驱动，实现上层应用的提出的硬件请求操作。实现硬件操作的 so 库为 module。

　　其实现流程如图 8-5 所示。

　　由此可见，Java 代码要访问硬件效率其实挺低的，没有 C 代码效率高，但是 Android 系统在软件框架和硬件处理器上都在减少和 C 代码执行效率的差距，据国外测试的结果来看，基本上能达到 C 代码效率的 95%左右。

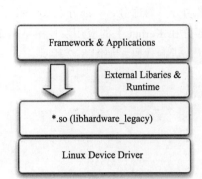

图 8-4　Android HAL Module 调用

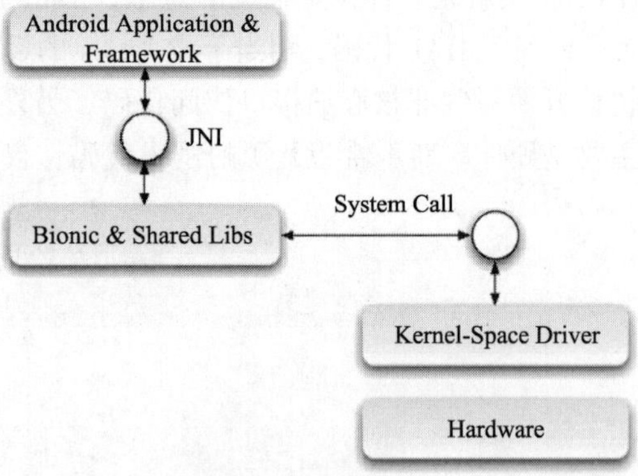

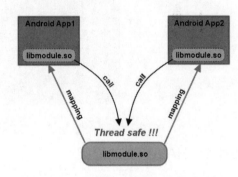

图 8-5　Android HAL Module 实现流程

因此，Google 又提出了新的 HAL 架构。这种设计架构虽然满足了 Java 应用访问硬件的需要，但是，使得代码上下层次间的耦合度太高，用户程序或框架代码必须要去加载 module 库，如果底层硬件有变化，moudle 要重新编译，上层也要做相应的变化，另外，如果多个应用程序同时访问硬件，都去加载 module，同一个 module 被多个进程映射多次，会有代码的重入问题，如图 8-6 所示。

图 8-6　Android HAL Module 代码重入

8.1.3　新的 HAL 架构

新的架构使用的是 Module Stub 方式。Stub 是存根或桩的意思，其实就是指一个对象代表的意思。由上面的架构可知，上层应用层或框架层代码加载 so 库代码，so 库代码称为 module，在 HAL 层注册了每个硬件对象的存根 Stub，当上层需要访问硬件的时候，就从当前注册的硬件对象 Stub 里查找，找到之后 Stub 会向上层 module 提供该硬件对象的 Operations Interface（操作接口），该操作接口就保存在了 module 中，上层应用或框架再通过这个 module 操作接口来访问硬件，如图 8-7 所示。

以 Led 为例的示意图如图 8-8。

Led App 为 Android 应用程序，Led App 里的 Java 代码不能操作硬件，将硬件操作工作交给本地 Module 库 led_runtime.so，它从当前系统中查找 Led Stub，查找到之后，Led Stub 将硬件驱动操作返回给 Module，Led App 操作硬件时，通过保存在 Module 中的操作接口间接访问底层硬件。

问题来了：

（1）麻烦，觉得比 module 方式复杂。

（2）硬件对象怎样注册为 stub？

（3）上层如何查找硬件对象的 Stub？

"麻烦"是确定的，但是 Google 肯定是考虑到其他的优越性才使用这种方式的。

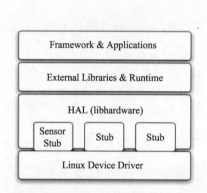
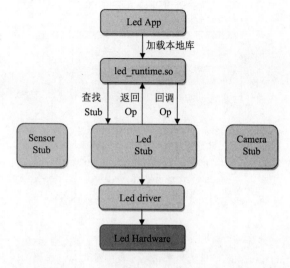

图 8-7　Android HAL Module Stub　　　　图 8-8　Led Demo HAL Module Stub 原理

8.2　HAL Stub 构架

在 Module 架构中，本地代码由 so 库实现，上层直接将 so 库映射进进程空间，会有代码重入及设备多次打开的问题。新的 Stub 框架虽然也要加载 module 库，但是这个 module 已经不包含操作底层硬件驱动的功能了，它保存的只是底层 Stub 提供的操作接口，底层 Stub 扮演了"接口提供者"的角色，当 Stub 第一次被使用时加载到内存，后续再使用时仅返回硬件对象操作接口，不会存在设备多次打开问题，并且由于多进程访问时返回的只是函数指针，代码没有重入问题。

8.2.1　HAL Stub 框架分析

HAL stub 的框架比较简单，三个结构体、两个常量、一个函数，简称 321 架构，它的定义如下：

```
@hardware/libhardware/include/hardware/hardware.h
@hardware/libhardware/hardware.c
/*每一个硬件都通过 hw_module_t 来描述，我们称为一个硬件对象。你可以去"继承"这个
hw_module_t，然后扩展自己的属性，硬件对象必须定义为一个固定的名字 HMI，即
Hardware Module Information 的简写，每一个硬件对象里都封装了一个函数指针 open 用于打
开该硬件，可理解为硬件对象的 open 方法，open 调用后返回这个硬件对应的 Operation
interface。
*/
struct hw_module_t{
    uint32_t tag;                  // 该值必须声明为 HARDWARE_MODULE_TAG
    uint16_t version_major;        // 主版本号
    uint16_t version_minor;        // 次版本号
    const char *id;                // 硬件 id 名，唯一标识 module
    const char *name;              // 硬件 module 名字
    const char * author;           // 作者
```

```c
    struct hw_module_methods_t* methods;    //指向封装有open函数指针的结构体
    void* dso;                              // module's dso
    uint32_t reserved[32-7];                // 128 字节补齐
};

/*
硬件对象的open方法描述结构体，它里面只有一个元素: open 函数指针
*/
struct hw_module_methods_t{
    // 只封装了open 函数指针
    int (*open)(const struct hw_module_t* module, const char * id,
        struct hw_device_t** device);
};

/*
硬件对象 hw_module_t 的 open 方法返回该硬件的 Operation interface，它由
hw_device_t结构体来描述，我们称之为：该硬件的操作接口
*/
struct hw_device_t{
    uint32_t tag;                           // 必须赋值为 HARDWARE_DEVICE_TAG
    uint32_t version;                       // 版本号
    struct hw_module_t* module;  /* 该设备操作属于哪个硬件对象，可以看成硬件操作
接口与硬件对象的联系 */
    uint32_t reserved[12];                  // 字节补齐
    int (*close)(struct hw_device_t* device);
    // 该设备的关闭函数指针，可以看作硬件的close方法
};
```

上述三个结构之间关系紧密，每个硬件对象由一个 hw_module_t 来描述，只要有了这个硬件对象，就可以调用它的 open 方法，返回这个硬件对象的硬件操作接口，然后就可以通过这些硬件操作接口来间接操作硬件了。只不过，open 方法被 struct hw_module_methods_t 结构封装了一次，硬件操作接口被 hw_device_t 封装了一次而已。

那用户程序如何才能拿到硬件对象呢？

答案是通过硬件 id 名来拿。

来看下 321 架构里的两个符号常量和一个函数：

```c
// 这个就是HAL Stub 对象固定的名字
#define HAL_MODULE_INFO_SYM                 HMI
// 这是字符串形式的名字
#define HAL_MODULE_INFO_SYM_AS_STR          "HMI"
//这个函数是通过硬件名来获得硬件HAL Stub对象
int hw_get_module(const char *id, const struct hw_module_t **module);
```

当用户调用 hw_get_module 函数时，第一个参数传硬件 id 名，那么这个函数会从当前系统注册的硬件对象里查找传递过来的 id 名对应的硬件对象，然后返回之。

8.2.2 HAL Stub 注册

从调用者的角度，我们基本上没有什么障碍了，那如何注册一个硬件对象呢？很简单，只需要声明一个结构体即可，看下面这个 Led Stub 注册的例子。

```
const struct led_module_t HAL_MODULE_INFO_SYM = {
    common: {    // 初始化父结构 hw_module_t 成员
        tag: HARDWARE_MODULE_TAG,
        version_major: 1,
        version_minor: 0,
        id: LED_HARDWARE_MODULE_ID,
        name: "led HAL Stub",
        author: "farsight",
        methods: &led_module_methods,
    },
    // 扩展属性放在这儿
};
```

只需要声明一个结构体 led_moduel_t，起名叫 HAL_MODULE_INFO_SYM，也就是固定的名称——HMI，然后将这个结构体填充好就行了。led_module_t 又是什么结构体类型呢？前面分析 hw_modult_t 类型时说过，我们可以"继承" hw_module_t 类型，创建自己的硬件对象，然后自己再扩展特有属性，这里的 led_module_t 就是"继承"的 hw_module_t 类型。注意：继承加上了双引号，因为在 C 语言里没有继承这个概念：

```
struct led_module_t {
    struct hw_module_t common;
};
```

结构体 led_module_t 封装了 hw_module_t 结构体，也就是说 led_module_t 这个新（子）结构体包含了旧（父）结构体，在新结构体里可以再扩展一些新的成员。结构体本身就具有封装特性，这不就是面向对象的封装和继承吗？为了显得专业点，我们用 UML 描述一下，如图 8-9 所示。

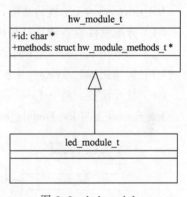

图 8-9　led_module_t

在上面的类里，把 hw_module_methods_t 封装的 open 函数指针指针写成 open 方法。该 open 方法即 methods，自然也被子结构体给"继承"下来，将它初始化为 led_module_methods 的地址，该结构是 hw_module_methods_t 类型的，其声明代码如下：

```
static struct hw_module_methods_t led_module_methods = {
    open: led_device_open
};
```

它里面仅有的 open 成员是个函数指针，它被指向 led_device_open 函数：

```
static int led_device_open(const struct hw_module_t* module, const char * name,
    struct hw_device_t** device)
{
    struct led_device_t *led_device;
    LOGI("%s E ", __func__);
    led_device = (struct led_device_t *)malloc(sizeof(*led_device));
    memset(led_device, 0, sizeof(*led_device));

    // init hw_device_t
```

```
    led_device->common.tag= HARDWARE_DEVICE_TAG;
    led_device->common.version = 0;
    led_device->common.module= module;
    led_device->common.close = led_device_close;

    // init operation interface
    led_device->set_on= led_set_on;
    led_device->set_off= led_set_off;
    led_device->get_led_count = led_getcount;
    *device= (struct hw_device_t *)led_device;

    if((fd=open("/dev/leds",O_RDWR))==-1)
    {
        LOGI("open error");
        return -1;
    }else
    LOGI("open ok\n");

    return 0;
}
```

8.2.3 HAL Stub 操作

led_device_open 函数的功能：

（1）分配硬件设备操作结构体 led_device_t，该结构体描述硬件操作行为。
（2）初始化 led_device_t 的父结构体 hw_device_t 成员。
（3）初始化 led_device_t 中扩展的操作接口。
（4）打开设备，将 led_device_t 结构体以父结构体类型返回（面向对象里的多态）

hw_module_t 与 hw_module_methods_t 及硬件 open 函数的关系如图 8-10 所示。

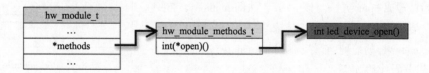

图 8-10　hw_module_t

我们来看看 led_device_t 和其父结构体 hw_device_t 的关系：

```
struct led_device_t {
    struct hw_device_t common;    /* led_devict_t 的父结构，它里面只封装了 close 方法 */
    /* 下面三个函数指针是子结构 led_device_t 对父结构 hw_device_t 的扩展，可以理解为子类扩展了父类增加了三个方法 */
    int (*getcount_led)(struct led_device_t *dev);
    int (*set_on)(struct led_device_t *dev);
    int (*set_off)(struct led_device_t *dev);
};
```

用 UML 类图 8-11 来表示。
由类图可知，led_device_t 扩展了三个接口：seton()、setoff()、get_led_count()。

那么剩下的工作就是实现子结构中新扩展的三个接口了：

```
static int led_getcount(struct led_control_device_t*dev)
{
        LOGI("led_getcount");
        return 4;
}
static int led_set_on(struct led_control_device_t *dev)
{
        LOGI("led_set_on");
        ioctl(fd,GPG3DAT2_ON,NULL);
        return 0;
}
static int led_set_off(struct led_control_device_t*dev)
{
        LOGI("led_set_off");
        ioctl(fd,GPG3DAT2_OFF,NULL);
        return 0;
}
```

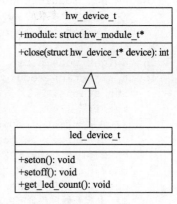

图 8-11　led_device_t

这三个接口函数直接和底层驱动打交道去控制硬件，具体驱动部分我们不去讲，那是另外一个体系了。

总结一下：

有一个硬件 id，通过这个 id 调用 hw_get_module(char*id, struct hw_module_t **module)，这个函数查找注册在当前系统中与 id 对应的硬件对象并返回之，硬件对象里有个通过 hw_module_methods_t 结构封装的 open 函数指针，回调这个 open 函数，它返回封装有硬件操作接口的 led_device_t 结构体，这样可以通过这个硬件接口去间接的访问硬件了。

在这个过程中 hw_get_module 返回的是子结构体类型 led_module_t，虽然函数的第二个参数类型为 hw_module_t 的父类型，这里用到了面向对象里的多态的概念。

下面还有一个问题我们没有解决，为什么我们声明了一个名字为 HMI 结构体后，它就注册到了系统中？hw_get_module 函数怎样找到并返回 led_module_t 描述的硬件对象的？

杀鸡取卵找 HAL Stub。如果要知道为什么通过声明结构体就将 HALStub 注册到系统中，最好的方法是先知道怎么样通过 hw_get_module_t 来找到注册的硬件对象。

我们分析下 hw_get_module 函数的实现：

```
@hardware/libhardware/hardware.c
static const char *variant_keys[] = {
    "ro.hardware",
    "ro.product.board",
    "ro.board.platform",
    "ro.arch"
};
// 由上面定义的字符串数组可知，HAL_VARIANT_KEYS_COUNT 的值为 4
struct constint HAL_VARIANT_KEYS_COUNT = (sizeof(variant_keys)/sizeof(variant_keys[0]));
```

```c
int hw_get_module(const char *id, const struct hw_module_t **module){
    // 调用 3 个参数的 hw_get_module_by_class 函数
    return hw_get_module_by_class(id, NULL, module);
}
int hw_get_module_by_class(const char *class_id, const char *inst,
    const struct hw_module_t **module){
    int status;
    int i;
    // 声明一个 hw_module_t 指针变量 hmi
    const struct hw_module_t *hmi = NULL;
    char prop[PATH_MAX];
    char path[PATH_MAX];
    char name[PATH_MAX];
    /* 由前面调用函数可知，inst = NULL, 执行 else 部分，将硬件 id 名拷贝到 name 数
组里 */
    if(inst)
        snprintf(name, PATH_MAX, "%s.%s", class_id, inst);
    else
        strlcpy(name, class_id, PATH_MAX);
    // i 循环 5 次
    for(i=0; i<HAL_VARIANT_KEYS_COUNT+1; i++){
        if(i<HAL_VARIANT_KEYS_COUNT){
            /* 从系统属性里依次查找前面定义的 4 个属性的值，找其中一个后，执行后面代
码，找不到，进入 else 部分执行 */
            if(property_get(variant_keys[i], prop, NULL) == 0){
                continue;
            }
            /* 找到一个属性值 prop 后，拼写 path 的值为: /vendor/lib/hw/硬件 id
名.prop.so */
            snprintf(path, sizeof(path), "%s/%s.%s.so",
                HAL_LIBRARY_PATH2, name, prop);
            if(access(path, R_OK) ==0) break;
            // 如果 path 指向有效的库文件，退出 for 循环
            /* 如果 vendor/lib/hw 目录下没有库文件，查找 /system/lib/hw 目录下有
没有硬件 id 名.prop.so 的库文件 */
            snprintf(path, sizeof(path), "%s/%s.%s.so",
                HAL_LIBRARY_PATH1, name, prop);
            If(access(path, R_OK) == 0) break;
        } else {
            /* 如果 4 个系统属性都没有定义，则使用默认的库名: /system/lib/hw/硬件
id 名.default.so */
            snprintf(path, sizeof(path), "%s/%s.default.so",
                HAL_LIBRARY_PATH1, name);
            If(access(path, R_OK) == 0) break;
        }
    }
    status = -ENOENT;
    if(i<HAL_VARIANT_KEYS_COUNT+1){
        status = load(class_id, path, module);
        // 难道是要加载前面查找到的 so 库？？
    }
    return status;
```

```
    }
    static int load(const char *id, counst char *path, const struct hw_modu
le_t **pHmi){
        void *handle;
        struct hw_module_t * hmi;
        // 通过 dlopen 打开 so 库
        handle = dlopen(path, RTLD_NOW);
        // sym 的值为 "HMI", 这个名字还有印象吗?
        const char * sym = HAL_MODULE_INFO_SYM_AS_STR;
        /* 通过 dlsym 从打开的库里查找 "HMI" 这个符号, 如果在 so 代码里有定义的函数名或
变量名为 HMI, dlsym 返回其地址 hmi, 将该地址转化成 hw_module_t 类型, 即, 硬件对象 */
        hmi = (struct hw_module_t *)dlsym(handle, sym);
        // 判断找到的硬件对象的 id 是否和要查找的 id 名一致, 不一致出错退出
        // 取了卵还要验证下是不是自己要的 "卵"
        if(strcmp(id, hmi->) != 0){
            // 出错退出处理
        }
        // 将库的句柄保存到 hmi 硬件对象的 dso 成员里
        hmi->dso = handle;
        // 将硬件对象地址送给 load 函数者, 最终将硬件对象返回到了 hw_get_module 的调用者
        *pHmi = hmi;
        // 成功返回
    }
```

通过上面代码的注释分析可知，硬件对象声明的结构体代码被编译成了 so 库，由于该结构体声明为 const 类型，被 so 库包含在其静态代码段里，要找到硬件对象，首先要找到其对应的 so 库，再通过 dlopen, dlsym 这种 "杀鸡取卵" 的方式找到硬件对象，当然这儿的 "鸡" 是指 so 库，"卵" 即硬件对象 led_module_t 结构。

在声明结构体 led_module_t 时，其名字统一定义为了 HMI，而这么做的目的就是为了通过 dlsym 来查找 led HAL Stub 源码生成的 so 库里的 "HMI" 符号。现在很明显了，我们写的 HAL Stub 代码最终要编译成 so 库文件，并且库文件名为：led.default.so（当然可以设置四个系统属性之一来指定名字为 led.属性值.so），并且库的所在目录为/system/lib/hw/。

8.3　LED HAL 实例

通过前两节 HAL 框架分析和 JNI 概述，我们对 Android 提供的 Stub HAL 有了比较详细的了解，下面来看看 LED 的实例，写驱动点亮 LED 灯，就如同写程序，学语言打印 HelloWorld 一样，如果说打印 HelloWorld 是一门新语言使用的第一个程序，那么点亮 LED 灯就是我们学习 HAL 的一座灯塔，指引我们在后面复杂的 HAL 代码里准确找到方向。

8.3.1　Led HAL 框架

图 8-12 描述了 LED 实例的框架层次。

LedDemo.java：写的 Android 应用程序。

LedService.java：根据 Led HAL 封装的 Java 框架层的 API，主要用于向应用层提供框架层 API，它属于 Android 的框架层。

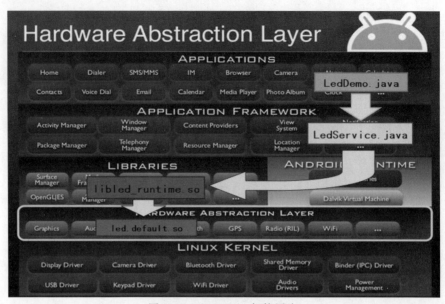

图 8-12　LED HAL 架构层次

libled_runtime.so：由于 Java 代码不能访问 HAL 层，该库是 LedService.java 对应的本地代码部分。

led.default.so：针对 led 硬件的 HAL 代码。

LedDemo 通过 LedService 提供的框架层 API 访问 LED 设备，LedService 对于 LedDemo 应用程序而言是 LED 设备的服务提供者，LedService 运行在 Dalvik 中没有办法直接访问 LED 硬件设备，它只能将具体的 LED 操作交给本地代码来实现，通过 JNI 来调用 Led 硬件操作的封装库 libled_runtime.so，由 HAL Stub 框架可知，在 libled_runtime.so 中首先查找注册为 LED 的硬件设备 module，找到之后保存其操作接口指针在本地库中等待框架层 LedService 调用。led.default.so 是 HAL 层代码，它是上层操作的具体实施者，它并不是一个动态库（也就是说它并没有被任何进程加载并链接），它只是在本地代码查找硬件设备 module 时通过 ldopen "杀鸡取卵" 找到 module，返回该硬件 module 对应的 device 操作结构体中封装的函数指针。

其调用时序如图 8-13 所示。

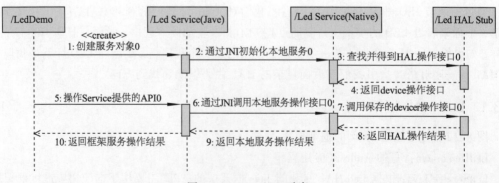

图 8-13　Led HAL 时序

8.3.2 LED HAL 代码架构

我们来看下 led 实例的目录结构,如图 8-14 所示。

主要文件如下:

com.hello.LedService.cpp:它在 frameworks/services/jni 目录下,是 Led 本地服务代码。

led.c:HAL 代码。

led.h:HAL 代码头文件。

LedDemo.java:应用程序代码。

LedService.java:Led 框架层服务代码。

在 Android 的源码目录下,框架层服务代码应该放在 frameworks/services/java/包名/目录下,由 Android 的编译系统统一编译生成 system/framework/services.jar 文件,由于我们的测试代码属于厂商定制代码,尽量不要放到 frameworks 的源码树里,我将其和 LedDemo 应用程序放在一起了,虽然这种方式从 Android 框架层次上不标准。

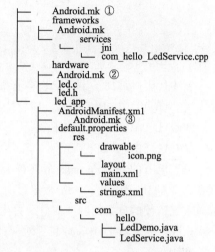

图 8-14 led 实例代码目录

另外,本地服务代码的文件名要和对应的框架层 Java 代码的名字匹配(包名+类文件名,包目录用"_"代替)。有源码目录里都有对应的一个 Android.mk 文件,它是 Android 编译系统的指导文件,用来编译目标 module。

Android.mk 文件分析。

先来看一下 led 源码中①号 Android.mk:

```
include $(call all-subdir-makefiles)
```

代码很简单,表示包含当前目录下所有的 Android.mk 文件。

再来看一下 led_app 目录下的③号 Android.mk:

```
# 调用宏 my-dir,这个宏返回当前 Android.mk 文件所在的路径。
LOCAL_PATH:= $(call my-dir)

# 包含 CLEAR_VARS 变量指向的 mk 文件 build/core/clear_vars.mk,它主要用来清除编译时依赖的编译变量
include $(CLEAR_VARS)

# 指定当前目标的 TAG 标签,关于其作用见前面 Android 编译系统章节
LOCAL_MODULE_TAGS := user

# 当前 mk 文件的编译目标模块
LOCAL_PACKAGE_NAME := LedDemo

# 编译目标时依赖的源码,它调用了一个宏 all-java-files-under,该宏在 build/core/definitions.mk 中定义
# 表示在当前目录下查找所有的 java 文件,将查找到的 java 文件返回
LOCAL_SRC_FILES := $(callall-java-files-under, src)
```

```
# 在编译 Android 应用程序时都要指定 API level，也就是当前程序的编译平台版本
# 这里表示使用当前源码的版本
LOCAL_SDK_VERSION := current

# 最重要的就是这句代码，它包含了一个文件 build/core/package.mk，根据前面设置的编译
变量，编译生成 Android 包文件，即：apk 文件
include $(BUILD_PACKAGE)
```

上述代码中都加了注释，基本上每一个编译目标都有类似上述的编译变量的声明：

LOCAL_MODULE_TAGS

LOCAL_PACKAGE_NAME

LOCAL_SRC_FILES

由于所有的 Android.mk 最终被编译系统包含，所以在编译每个目标模块时，都要通过 LOCAL_PATH:= $(call my-dir)指定当前目标的目录，然后调用 include $(CLEAR_VARS)先清除编译系统依赖的重要的编译变量，再生成新的编译变量。

让我们来看看 LedDemo 目标对应的源码吧。

8.3.3 LED Demo 代码分析

学习过 Android 应用的读者对其目录结构很熟悉，LedDemo 的源码在 src 目录下。

```java
@ led_app/src/com/farsight/LedDemo.java:
package com.hello;
  import com.hello.LedService;
  import com.hello.R;
  importandroid.app.Activity;
  importandroid.os.Bundle;
  importandroid.util.Log;
  importandroid.view.View;
  import android.view.View.OnClickListener;
  importandroid.widget.Button;
  public classLedDemo extends Activity {
     privateLedService led_svc;
     private Buttonbtn;
     private booleaniflag = false;
     private Stringtitle;

      /** Calledwhen the activity is first created. */
     @Override
     public void onCreate(Bundle savedInstanceState) {
        super.onCreate(savedInstanceState);
        setContentView(R.layout.main);

        Log.i("Java App", "OnCreate");
        led_svc =new LedService();
        btn =(Button) this.findViewById(R.id.Button01);
        this.btn.setOnClickListener(new OnClickListener() {
           public void onClick(View v) {
              Log.i("Java App", "btnOnClicked");
              if (iflag) {
```

```
                        title = led_svc.set_off();
                        btn.setText("Turn On");
                        setTitle(title);
                        iflag = false;
                    } else {
                        title = led_svc.set_on();
                        btn.setText("Turn Off");
                        setTitle(title);
                        iflag = true;
                    }
                }
            });
        }
    }
```

代码很简单，Activity 上有一个按钮，当 Activity 初始化时创建 LedService 对象，按钮按下时通过 LedService 对象调用其方法 set_on() 和 set_off()。

8.3.4　LedService 代码分析

我们来看下 LedService 的代码：

```
@led_app/src/com/farsight/LedService.java:
package com.hello;
import android.util.Log;

public class LedService {

    /*
     * loadnative service.
     */
    static {          // 静态初始化语言块，仅在类被加载时被执行一次，通常用来加载库
        Log.i ("Java Service" , "Load Native Serivce LIB" );
        System.loadLibrary ( "led_runtime" );
    }

    // 构造方法
    public LedService() {
        int icount ;

        Log.i ("Java Service" , "do init Native Call" );
        _init ();
        icount = _get_count ();
        Log.d ("Java Service" , "led count = " + icount );
        Log.d ("Java Service" , "Init OK " );
    }

    /*
     * LED nativemethods.
     */
    public String set_on() {
        Log.i ("com.hello.LedService" , "LED On" );
```

```java
        _set_on();
        return "led on" ;
    }
      public String set_off() {
        Log.i ("com.hello.LedService" , "LED Off" );
        _set_off();
        return "led off" ;
    }

    /*
     * declare all the native interface.
     */
    private static native boolean _init();
    private static native int _set_on();
    private static native int _set_off();
    private static native int _get_count();
}
```

通过分析上面代码可知 LedService 的工作：

（1）加载本地服务的库代码。

（2）在构造方法里调用_init 本地代码，对 Led 进行初始化，并调用 get_count 得到 LED 灯的个数。

为 LedDemo 应用程序提供两个 API：set_on 和 set_off，这两个 API 方法实际上也是交给了本地服务代码来操作的。

（3）由于 Java 代码无法直接操作底层硬件，通过 JNI 方法将具体的操作交给本地底层代码实现，自己只是一个 API Provider，即服务提供者。

让我们来到底层本地代码，先看下底层代码的 Android.mk 文件：

```makefile
@ frameworks/Android.mk:
LOCAL_PATH:= $(call my-dir)
include $(CLEAR_VARS)

LOCAL_MODULE_TAGS := eng
LOCAL_MODULE:= libled_runtime                          #编译目标模块
LOCAL_SRC_FILES:= \
        services/jni/com_farsight_LedService.cpp


LOCAL_SHARED_LIBRARIES := \                            #编译时依赖的动态库
        libandroid_runtime \
        libnativehelper    \
         libcutils         \
         libutils          \
        libhardware

 LOCAL_C_INCLUDES += \                                 #编译时用到的头文件目录
        $(JNI_H_INCLUDE)

LOCAL_PRELINK_MODULE := false                          #本目标为非预链接模块
include $(BUILD_SHARED_LIBRARY)                        #编译生成共享动态库
```

结合前面分析的 Android.mk 不难看懂这个 mk 文件。之前的 mk 文件是编译成 Android apk 文件，这儿编译成 so 共享库，所以 LOCAL_MODULE 和 include $(BUILD_SHARED_LIBRARY) 与前面 mk 文件不同，关于 Android.mk 文件里的变量作用，请查看 Android 编译系统章节。
总而言之，本地代码编译生成的目标是 libled_runtime.so 文件。

8.3.5 Led 本地服务代码分析

我们来看下本地服务的源码：

```cpp
@ frameworks/services/jni/com_farsight_LedService.cpp:
#define LOG_TAG "LedService"
#include "utils/Log.h"
#include <stdlib.h>
#include <string.h>
#include <unistd.h>
#include <assert.h>
#include <jni.h>
#include "../../../hardware/led.h"

static led_control_device_t *sLedDevice = 0;
static led_module_t* sLedModule=0;

static jint get_count(void)
{
    LOGI("%sE", __func__);
    if(sLedDevice)
        returnsLedDevice->get_led_count(sLedDevice);
    else
        LOGI("sLedDevice is null");
    return 0;
}

static jint led_setOn(JNIEnv* env, jobject thiz) {
    LOGI("%sE", __func__);
    if(sLedDevice) {
        sLedDevice->set_on(sLedDevice);
    }else{
        LOGI("sLedDevice is null");
    }
    return 0;
}

static jint led_setOff(JNIEnv* env, jobject thiz) {
    LOGI("%s E", __func__);
    if(sLedDevice) {
        sLedDevice->set_off(sLedDevice);
    }else{
        LOGI("sLedDevice is null");
    }
    return 0;
```

```c
    }

    static inline int led_control_open(const structhw_module_t* module,
        structled_control_device_t** device) {
        LOGI("%s E ", __func__);
        returnmodule->methods->open(module,
            LED_HARDWARE_MODULE_ID, (struct hw_device_t**)device);
    }

    static jint led_init(JNIEnv *env, jclass clazz)
    {
        led_module_tconst * module;
        LOGI("%s E ", __func__);
        if(hw_get_module(LED_HARDWARE_MODULE_ID, (const hw_module_t**)&module) == 0){
            LOGI("get Module OK");
            sLedModule = (led_module_t *) module;
            if(led_control_open(&module->common, &sLedDevice) != 0) {
                LOGI("led_init error");
                return-1;
            }
        }

        LOGI("led_init success");
        return 0;
    }
    /*
     *
     * Array ofmethods.
     * Each entryhas three fields: the name of the method, the method
     * signature,and a pointer to the native implementation.
     */
    static const JNINativeMethod gMethods[] = {
        {"_init",     "()Z",(void*)led_init},
        {"_set_on",   "()I",(void*)led_setOn },
        {"_set_off",  "()I",(void*)led_setOff },
        {"_get_count","()I",(void*)get_count },
    };

    static int registerMethods(JNIEnv* env) {
        static constchar* const kClassName = "com/hello/LedService";
        jclass clazz;
        /* look upthe class */
        clazz =env->FindClass(kClassName);
        if (clazz ==NULL) {
            LOGE("Can't find class %s\n", kClassName);
            return-1;
        }

        /* registerall the methods */
```

```
    if(env->RegisterNatives(clazz, gMethods,
            sizeof(gMethods) / sizeof(gMethods[0])) != JNI_OK)
    {
       LOGE("Failed registering methods for %s\n", kClassName);
          return -1;
    }
    /* fill outthe rest of the ID cache */
    return 0;
}

/*
 * This iscalled by the VM when the shared library is first loaded.
 */
jint JNI_OnLoad(JavaVM* vm, void* reserved) {
    JNIEnv* env= NULL;
    jint result= -1;
   LOGI("JNI_OnLoad");
    if(vm->GetEnv((void**) &env, JNI_VERSION_1_4) != JNI_OK) {
       LOGE("ERROR: GetEnv failed\n");
       gotofail;
    }
     assert(env!= NULL);
    if(registerMethods(env) != 0) {
       LOGE("ERROR: PlatformLibrary nativeregistration failed\n");
       gotofail;
    }
    /* success-- return valid version number */
    result =JNI_VERSION_1_4;
 fail:
    return result;
}
```

这里的代码不太容易读，因为里面是 JNI 的类型和 JNI 特性的代码，看代码先找入口。LedService.java 框架代码一加载就调用静态初始化语句块里的 System.loadLibrary("led_runtime")，加载 libled_runtime.so，该库刚好是前面 Android.mk 文件的目标文件，也就是说 LedService 加载的库就是由上面的本地代码生成的。当一个动态库被 Dalvik 加载时，首先在 Dalvik 会回调该库代码里的 JNI_OnLoad 函数。也就是说 JNI_OnLoad 就是本地服务代码的入口函数。

JNI_OnLoad 的代码一般来说是固定不变的，使用的时候直接复制过来即可，选择 VM→GetEnv 命令会返回 JNIEnv 指针，而这个指针其实就是 Java 虚拟机的环境变量，我们可以通过该指针去调用 JNI 提供的方法，如 FindClass 等，调用 registerMethods 方法，在方法里通过 JNIEnv 的 FindClass 查找 LedService 类的引用，然后在该类中注册本地方法与 Java 方法的映射关系，上层 Java 代码可以通过这个映射关系调用到本地代码的实现。RegisterNatives 方法接收三个参数：

第一个参数 jclass：要注册哪个类里的本地方法映射关系。

第二个参数 JNINativeMethod*：这是一个本地方法与 Java 方法映射数组，JNINativeMethod 是个结构体，每个元素是一个 Java 方法到本地方法的映射。

```
typedef struct {
    constchar* name;
    constchar* signature;
    void*fnPtr;
} JNINativeMethod;
name：表示 Java 方法名
signature：表示方法的签名
fnPtr：Java 方法对应的本地方法指针
```

第三个参数 size：映射关系个数。

由代码可知，Java 方法与本地方法的映射关系如表 8-1 所示。

表 8-1　Java 方法与本地方法的映射关系

Java 方法	本 地 方 法
void _init()	jint led_init(JNIEnv *env, jclass clazz)
int _set_on()	jint led_setOn(JNIEnv* env, jobject thiz)
int _set_off()	jint led_setOff(JNIEnv* env, jobject thiz)
int _get_count()	jint get_count(void)

通过上表可知，本地方法参数中默认会有两个参数：JNIEnv* env 和 jobject thiz，分别表示 JNI 环境和调用当前方法的对象引用，当然也可以不设置这两个参数，在这种情况下你就不能访问 Java 环境中的成员。本地方法与 Java 方法的签名必须一致，返回值不一致不会造成错误。

现在我们再来回顾一下调用流程：

（1）LedDemo 创建了 LedService 对象。

（2）LedService 类加载时加载了对应的本地服务库，在本地服务库里 Dalvik 自动调用 JNI_OnLoad 函数，注册 Java 方法和本地方法映射关系。

（3）根据 Java 语言特点，当 LedDemo 对象创建时会调用其构造方法 LedService()。

```
// 构造方法
    public LedService() {
        int icount ;
        Log.i ("Java Service" , "do init Native Call" );
        _init ();
        icount =_get_count ();
        Log.d ("Java Service" , "led count = " + icount );
        Log.d ("Java Service" , "Init OK " );
    }
```

（4）在 LedService 构造方法里直接调用了本地方法 _init 和 _get_count（通过 native 保留字声明），也就是说调用了本地服务代码里的 jint led_init(JNIEnv *env, jclass clazz) 和 jintget_count(void)。在 led_init 方法里的内容就是我们前面分析 HAL 框架代码的使用规则了。

（5）通过 hw_get_module 方法查到其注册为 LED_HARDWARE_MODULE_ID，即 led 的 module 模块。

通过与 led_module 关联的 open 函数指针打开 led 设备，返回其 device_t 结构体，保存在本地代码中，有的朋友可能会问，不是本地方法不能持续保存一个引用吗？由于 device_t 结构是在 open 设备时通过 malloc 分配的，只要当前进程不死，该指针一直可用，在这儿本地代码并没有保存 Dalvik 里的引用，保存的是 mallco 的分配空间地址，但是在关闭设备时记得要将该地址空间 free 了，否则内存就泄漏了。

拿到了 led 设备的 device_t 结构之后，当 LedDemo 上的按钮按下时调用 LedService 对象的 set_on 和 set_off 方法，这两个 LedService 方法直接调用了本地服务代码的对应映射方法，本地方法直接调用使用 device_t 指向的函数来间接调用驱动操作代码。

让我们再来看一个详细的时序图，如图 8-15 所示。

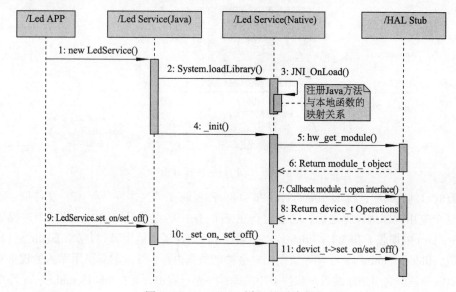

图 8-15　Led HAL 详细的时序图

不用多解释了。

最后一个文件，HAL 对应的 Android.mk 文件：

```
@ hardware/Android.mk:
LOCAL_PATH := $(call my-dir)
include $(CLEAR_VARS)

LOCAL_C_INCLUDES += \
        include/

LOCAL_PRELINK_MODULE := false
LOCAL_MODULE_PATH := $(TARGET_OUT_SHARED_LIBRARIES)/hw
LOCAL_SHARED_LIBRARIES := liblog
LOCAL_SRC_FILES := led.c
LOCAL_MODULE := led.default
include $(BUILD_SHARED_LIBRARY)
```

注意：LOCAL_PRELINK_MODULE:= false 要加上，否则编译出错

指定目标名为：led.default。

目标输入目录 LOCAL_MODULE_PATH 为/system/lib/hw/，不指定会默认输出到/system/lib 目录下。

根据前面 HAL 框架分析可知，HAL Stub 库默认加载地址为/vendor/lib/hw/或/system/lib/hw/，在这两个目录查找：硬件 id 名.default.so，所以我们这里指定了 HAL Stub 的编译目标名为

led.default，编译成动态库，输出目录为 $(TARGET_OUT_SHARED_LIBRARIES)/hw，TARGET_OUT_SHARED_LIBRARIES 指/system/lib/目录。

8.3.6 LED HAL 深入理解

我们从进程空间的概念来分析下我们上面写的代码，如图 8-16 所示。

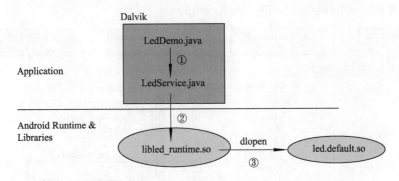

图 8-16　Led HAL 进程分析

前面的示例代码中，将 LedDemo.java 和 LedService.java 都放在了一个 APK 文件里，这也就意味着这个应用程序编译完之后，它会运行在一个 Dalvik 虚拟机实例中，即一个进程里，在 LedService.java 中加载了 libled_runtime.so 库，通过 JNI 调用了本地代码，根据动态库的运行原理，我们知道，libled_runtime.so 在第一次引用时会被加载到内存中并映射到引用库的进程空间中，我们可以简单理解为引用库的程序和被引用的库在一个进程中，而在 libled_runtime.so 库中，又通过 dlopen 打开了库文件 led.default.so（该库并没有被库加载器加载，而是被当成一个文件打开的），同样我们可以理解为 led.default.so 和 libled_runtime.so 在同一个进程中。

由此可见，上面示例的 Led HAL 代码全部都在一个进程中实现，在该示例中的 LedService 功能比较多余，基本上不能算是一个服务。如果 LedDemo 运行在两个进程中，就意味着两个进程里的 LedService 不能复用，通常我们所谓的 Service 服务一般向客户端提供服务并且同时可以为多个客户端服务（见图 8-17），所以我们的示例 Led HAL 代码不是完美的 HAL 模型，我们后面章节会再实现一个比较完美的 HAL 架构。

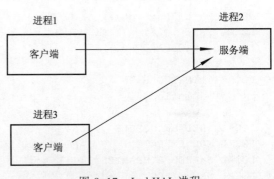

图 8-17　Led HAL 进程

8.4　实训：基于 Android 4.0 平板的 LED 灯控制

【实训描述】

前面已经对 Led 的 module 框架进行了分析，一个基于 Android 4.0 的 LedDemo 总共有四部分组成 LedApp(应用层程序)、led_drv(Led 的驱动)、LedHal(HAL 层代码)、Led_Runtime(JNI

部分代码），四部分通过 Android.mk 编译，实现对 Led 灯的控制。

【实训目的】

熟悉 Android4.0 开源平板开发流程和 Andoid HAL 层及 JNI 调用代码的编写与编译。

【实训步骤】

1. 硬件连接

将 USB 下载线与平板的 USB 口连接，同时将平板的调试板通过 USB 线与主机连接，如图 8-18 所示。

图 8-18　USB 连接

2. 编译 LED 硬件驱动代码

注意：实训代码是"Led_Demo"目录下的"led_drv_v1.2"，将驱动代码复制到 ubuntu 的"androidwork"目录下。

内核源码是"lichee/linux-3.0"。

工具链在"../buildroot/output/external-toolchain/bin/arm-none-linux-gnueabi-"修改编译驱动的 Makefile，注意内核的路径，如图 8-19 所示。

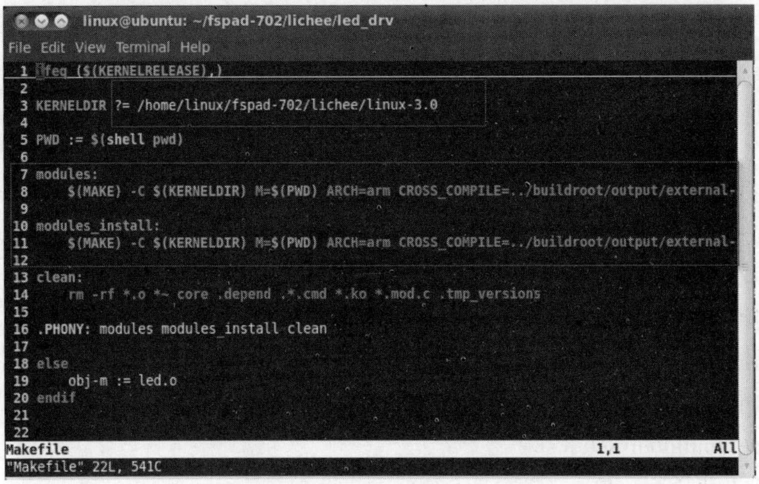

图 8-19　修改 Android.mk 文件

驱执行 make 命令进行编译结果如图 8-20 所示。

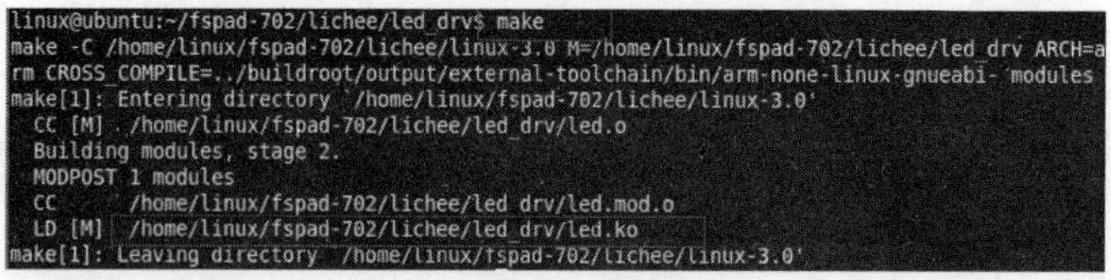

图 8-20　编译 Led 驱动

将生成的 led.ko 驱动模块文件，使用 adb 推送到 Android 文件系统目录 /system/vendor/modules 下，如图 8-21 所示。

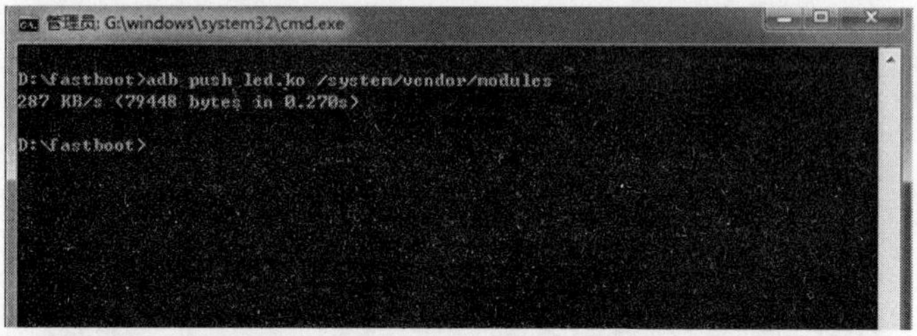

图 8-21　adb 推送 Led 驱动

在平板调试终端插入模块如图 8-22 所示。

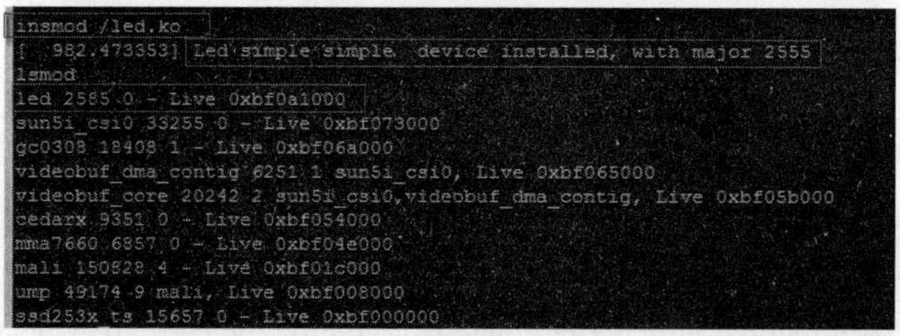

图 8-22　加载 Led 驱动

自动安装 led.ko 驱动并修改权限：

修改 init.sun5i.rc 文件，添加安装 led.ko 驱动及修改权限代码。

```
@out/target/product/fspad/root/init.sun5i.rc
on boot
  ...
    insmod /system/vendor/modules/led.ko
chmod 777 /dev/led
...
```

3. 编译 LedDemo 代码

注意：实训代码是 LedDemo 目录下的 LedDemo。

将此代码放到 Android 4.0 源码的顶级目录 android4.0/device/farsight/fspad/src 下。

编译前的准备工作：

（1）source ./build/envsetup.sh。

（2）lunch（选择 fspad2-eng）。

执行编译工作，如图 8-23 所示。

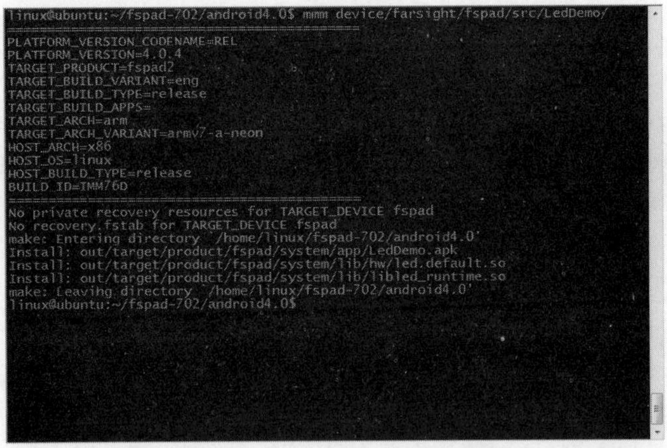

图 8-23 编译 LedDemo 代码

"Install" 指定出生成目标的位置，将生成的三个目标对应的文件复制到相应的文件系统目录中如图 8-24 所示。

图 8-24 推送程序到 Addroid 系统

重新启动开发板，打开应用程序，此时平板将显示我们开发的程序如图 8-25 所示。

图 8-25 LedApp 运行效果

小　结

本章从概述 HAL 开始，介绍了 HAL 的内容，分析了 HAL 的主要存储目录，比较了 HAL 的两种架构；解析了 Android 的 HAL 实例（LedDemo），引出了在 Android 下访问两种 HAL 的两种方式。读者通过本章的学习完成了 LED 灯的实训任务，为下一章的 Sensor HAL 实例的学习做好知识储备。

习　题

1. Android HAL 的作用是什么？
2. Android HAL 新旧架构的区别在哪里？
3. Android HAL Module 架构的工作原理是什么？
4. Android HAL Stub 框架的工作原理是什么？
5. AndroidHAL Stub 框架中的 321 架构指的是什么？
6. 简述 Led HAL 的工作原理与流程？

第9章 HAL 硬件抽象层进阶 Sensor HAL 实例

Sensor 即传感器，在当前智能手机上大量存在，如 G-Sensor、LightsSensor、ProximitySensor、TemperatureSensor 等，其作为 Android 系统的一个输入设备，对于重视用户体验的移动设备来说是必不可少的。Sensor 虽然是一个输入设备，但是它又不同于触摸屏，键盘，按键等这些常规的输入设备，因为 Sensor 的数据输入是从传感器硬件到设备的，而常规的输入设备是从用户到设备的，比如：温度传感器用于感知温度的变化，采样传感器数据上报给设备。而传感器硬件的工作与否，采样精度是由用户来控制的，所以对应 Sensor 而言是其工作方式是双向的，即控制硬件的控制流，硬件上报的数据流。这也决定了 Sensor 的框架不同与触摸屏等常规输入子系统。

学习目标

- 了解 Android Sensor HAL 架构。
- 熟悉 Android Sensor HAL 流程。
- 掌握 Android Sensor HAL Stub 架构程序开发方法。

9.1 Android Sensor 架构

Android 中的传感器使用 Sensor Stub 架构，通过该架构实现所有传感器的基本操作接口，用户应用程序只需要调用 SensorManager 类即可。Sensor Stub 架构的一个核心理念就是数据与控制分离，这样做的好处是可以灵活地控制所有传感器的状态，包括睡眠、唤醒、读数、关闭等，从而精细化地管理电源。在手持设备中能耗控制是核心功能。

9.1.1 Android Sensor 框架

本节主要研究 Sensor 框架代码与 SensorHAL 的实现细节，一切还是从 Sensor 框架开始，首先来回顾一下 Led HAL 的实现框架，如图 9-1 所示。

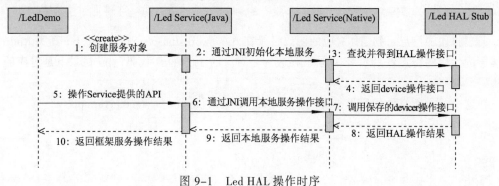

图 9-1　Led HAL 操作时序

Led HAL 是我们自己实现的，主要分为四部分：

（1）Led App：Led 的应用程序。

（2）Led Service 框架：Led 应用的 API 提供者。

（3）LedService 本地：LedService 服务的本地实现，上层与底层的通信转化接口。

（4）Led HAL Stub：HAL 层代码，具体硬件驱动操作接口。

很明显，我们写的 Led HAL 代码是典型的控制流，反馈结果就是 LED 灯的亮与灭，它的架构不适用于 Sensor 架构，具体有如下几点：

（1）Led 是单纯的控制流，而 Sensor 是控制流与数据流。

（2）Sensor 的数据流不是实时的，而是有采样速率，并且数据不是连续的，阻塞在读取硬件设备数据上，只有数据得到才返回。

（3）Sensor 是提供给所有传感器的通用框架，不是针对某一特定硬件的架构。

（4）Sensor 包含多种类型，在上层和底层都有对 Sensor 具体类型的屏蔽，让它通用所有传感器。

（5）Sensor 的服务不是由应用程序创建启动的，应该是伴随系统启动的

（6）任何一个应用程序里都可以使用 Sensor 服务，这决定了 Sensor 服务应该伴随系统启动。

9.1.2 Android Sensor 工作流程

本节分析具体设备的框架，从 Android SensorService 的注册启动开始，到应用程序获得 SensorManager 注册传感器监听器，详细分析从应用层到 Java 框架层再到本地代码，最后调用 HAL 层的全部过程。

Sensor 服务的启动如下。

由前面 Android 启动流程可知，Zygote 启动后，运行的每一个 Java 进程是 SystemServer，它用来启动并管理所有的 Android 服务。

```
public static void main(String[] args) {
    …
    System.loadLibrary("android_servers");
    init1(args);
}
```

由 SystemServer 的 main 方法可知，其加载了 libandroid_servers.so 的库，并且调用了 init1() 方法。

通过下面的命令来找到该库的编译目录：

```
find ./frameworks/base -name Android.mk -exec grep -l libandroid_server
s{}\;
```

通过打印的信息可知，其对应的源码目录在 frameworks/base/services/jni/下，其实 Android 框架层的代码的特点就是 Java 目录下存放的是对应的 Java 框架代码，jni 目录下是对应的本地代码。

在这个目录所有的代码最重要的就是 com_android_server_SystemServer.cpp。

```
namespace android {

extern "C" int system_init();
static void android_server_SystemServer_init1(JNIEnv*env, jobject clazz)
```

```
{
    system_init();
}
/*
 * JNIregistration.
 */
static JNINativeMethod gMethods[] = {
    /* name,signature, funcPtr */
    {"init1", "([Ljava/lang/String;)V", (void*) android_server_SystemServer_init1},
};

int register_android_server_SystemServer(JNIEnv* env)
{
    returnjniRegisterNativeMethods(env,"com/android/server/SystemServer",
        gMethods, NELEM(gMethods));
}

}; // namespace android
```

代码不是很多，也比较好读，调用 jniRegisterNativeMethods 方法注册 SystemServer 的 Java 方法也是本地方法映射关系，jniRegisterNativeMethods 是一个本地方法的注册 Helper 方法。

SystemServer.java 在加载了 libandroid_servers.so 库之后，调用了 init1()，通过上面代码中的映射关系可知，它调用了本地的 android_server_SystemServer_init1 方法，该方法直接调用 system_init()，其可在 frameworks/base/cmds/system_server/library/system_init.cpp 中实现。

```
extern "C" status_t system_init()
{
    LOGI("Entered system_init()");
    sp<ProcessState> proc(ProcessState::self());
    sp<IServiceManager> sm = defaultServiceManager();
    LOGI("ServiceManager: %p\n", sm.get());
    sp<GrimReaper> grim = new GrimReaper();
    sm->asBinder()->linkToDeath(grim, grim.get(), 0);

    charpropBuf[PROPERTY_VALUE_MAX];
    property_get("system_init.startsurfaceflinger", propBuf,"1");
    if(strcmp(propBuf, "1") == 0) {
        // Startthe SurfaceFlinger
        SurfaceFlinger::instantiate();
    }

    property_get("system_init.startsensorservice", propBuf,"1");
    if(strcmp(propBuf, "1") == 0) {
        // Startthe sensor service
        SensorService::instantiate();
    }
```

```
    LOGI("Systemserver: starting Android runtime.\n");
    AndroidRuntime* runtime = AndroidRuntime::getRuntime();

    LOGI("System server: starting Android services.\n");
    JNIEnv* env =runtime->getJNIEnv();
    if (env ==NULL) {
        returnUNKNOWN_ERROR;
    }

    jclass clazz= env->FindClass("com/android/server/SystemServer");
    if (clazz ==NULL) {
        returnUNKNOWN_ERROR;
    }

    jmethodIDmethodId = env->GetStaticMethodID(clazz, "init2","()V");
    if (methodId== NULL) {
        returnUNKNOWN_ERROR;
    }
    env->CallStaticVoidMethod(clazz, methodId);

    LOGI("System server: entering thread pool.\n");
    ProcessState::self()->startThreadPool();
    IPCThreadState::self()->joinThreadPool();
    LOGI("System server: exiting thread pool.\n");
}
```

如果了解 Binder 机制的话,应该知道,sp<ProcessState> proc(ProcessState::self())打开 Binder 驱动并会创建一个 ProcessState 对象并维持当前进程的 Binder 通信的服务器端。

如果系统属性里配置了 system_init.startsensorservice 属性为 1,则通过 SensorService::instantiate()启动 Sensor 服务。

对于初学者最头疼的就是面向对象代码中的重载、重写了,SensorService::instantiate()调用的是其父类的方法,可以通过子类的定义找其继承关系,然后顺着继承关系再来查找方法的实现,如果在子类里和父类都有方法的实现,那么看参数的匹配,如果参数都相互匹配,那么就是所谓的重写,调用的是子类的方法。SensorService 的定义如下:

```
@frameworks/base/services/sensorservice/SensroService.h
class SensorService :
    publicBinderService<SensorService>,
    publicBnSensorServer,
    protectedThread
{
```

通过 SensorService 的定义可知,在当前类里没有 instantiate 方法的声明,说明其调用的是父类的方法,其继承了 BinderService, BnSensorServer, Thread 类(难道 SensorService 是一个线程??),顺着继承关系找,在 BinderService 里可以找到 instantiate 方法的声明。

```
@frameworks/base/include/binder/BinderService.h
[cpp] view plaincopy
```

```
template<typename SERVICE>

class BinderService
{
public:
    static status_t publish() {
        sp<IServiceManager> sm(defaultServiceManager());
        returnsm->addService(String16(SERVICE::getServiceName()), new SERVICE());
    }

    static void publishAndJoinThreadPool() {
        sp<ProcessState> proc(ProcessState::self());
        sp<IServiceManager> sm(defaultServiceManager());
        sm->addService(String16(SERVICE::getServiceName()), new SERVICE());
        ProcessState::self()->startThreadPool();
        IPCThreadState::self()->joinThreadPool();
    }

    static void instantiate() { publish(); }

    static status_t shutdown() {
        return NO_ERROR;
    }
};
```

通过上面代码分析可知，instantiate 方法创建了 SensorService 并通过 addService 将自己新创建的 SensorService 服务添加到 Android 服务列表里了。SensorService 服务的代码如下所示。

```
@frameworks/base/services/sensorservice/SensorService.cpp
SensorService::SensorService()
    :mInitCheck(NO_INIT)
{
}

void SensorService::onFirstRef()
{
    LOGD("nuSensorService starting...");
    SensorDevice& dev(SensorDevice::getInstance());
…
```

SensorService 的构造方法比较简单，初始化了成员变量 mInitCheck 为 NO_INIT。

要注意构造方法后面的 onFirstRef 方法，它是 Android 系统里引用计数系统里的一个方法。当 RefBase 的子类对象被第一次强引用时自动调用其方法，所以当第一次使用 SensorService 服务里该方法被自动回调。

形如：

```
sp< ISensorServer> sm(mSensorService);
```

SensorService 的启动到此暂停，等待上层应用的使用 SensorService 服务并调用 onFirstRef 方法。

9.2　Sensor HAL 应用程序

Android 4.0 系统内置对传感器的支持达 13 种，它们分别是：加速度传感器（gsensor accelerometer）、磁力传感器（magnetic field）、方向传感器（orientation）、陀螺仪（gyroscope）、环境光照传感器（light）、压力传感器（pressure）、温度传感器（temperature）和距离传感器（proximity）等。

Google 为 Sensor 提供了统一的 HAL 接口，不同的硬件厂商需要根据该接口来实现并完成具体的硬件抽象层，Android 中 Sensor 的 HAL 接口定义在：hardware/libhardware/include/hardware/sensors.h。

9.2.1　Sensor HAL 应用程序

这部分对于写上层应用程序的朋友来比较熟悉，下面通过一个简单的应用来分析框架层和底层的实现。

通常编写一个传感器的应用程序有以下步骤：

（1）通过调用 Context.getSystemService(SENSOR_SERVICE)获得传感器服务，实现返回的是封装了 SensorService 的 SensorManager 对象。

（2）调用 SensorManager.getDefaultSensor(Sensor.TYPE_ORIENTATION)来获得指定类型的传感器对象，方便获得传感器的数据。

（3）通过 SensorManager.registerListener 注册 SensorEventListener 监听器，监听获得的传感器对象，当传感器数据提交上来时，能被应用程序得到。

（4）实现监听器里传感器上报数据的具体操作。

由编写应用程序的步骤可知，所有程序的操作都和 SensorManager 有关。在开始分析具体实现之前我们先来谈谈 SensorManager 概念。

9.2.2　Android Manager 机制

Manager 中文直译为处理者、经理、管理人，总而言之即管事的人。在 Android 的服务框架里 Manager 被安排为经理人、领导，其负责自己管辖区的所有操作。类似于公司里的行政部门，它是一个纯粹非营利服务部门，如果其他部门要想使用行政部门的服务，先要向行政经理提出申请，申请通过了，安排具体人员进行服务。这里分析的是 Sensor 服务，Sensor 服务用户程序不能直接访问，要通过 SensorManager 来访问，也就是说 SensorManager 是 SensorService 提供服务接口的封装。

通常在 Android 的 Manager 里都会维护对其管理 Service 的引用，用户程序提出 Service 操作申请，Manager 将操作申请交由其管理的 Service 处理，然后将处理结果再交给用户程序或回调用户注册的监听接口，如图 9-2 所示。

总结：

（1）Manager 是应用程序直接面对的接口。

（2）Manager 里维护对应的 Service。

（3）应用程序不能直接访问 Service。

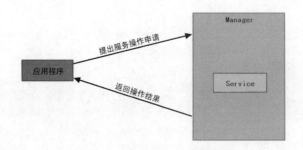

图 9-2 Android 的 Manager 操作

为什么要这么设计？

使用 Manager 机制的好处是显而易见的：

Service 是服务，服务即所有应用共享，不能属于某一个具体的进程，即 Android 程序。

Android 应用与 Service 在不同进程，它们之间必然要进行通信，要使用 IPC，即进程间通信，而框架的作用是让应用程序快速开发提供 API，不可能让进程间通信的代码出现在 Android 应用中，这些所谓的后台操作不能让程序开发者感知到，即隐藏通信手段与细节。

既然如此，Google 就提供了一个 Manager 类，把共享服务隐藏起来，只暴露操作接口，操作细节、IPC 细节统统后台去。

理解了这个，可以看得出来，我们之前写的 LedHAL 没有进行规范，没有考虑框架设计，不能复用代码，下面我们将对其进行优化。

前面说了，使用 Sensor 服务要用 SensorManager，让我们来看一个简单应用的代码，再逐渐展开。

```
public class SensorAppDemoActivity extends Activity implementsSensorEventListener{

    private TextViewmTextView;
    /** Calledwhen the activity is first created. */
    @Override
    public voidonCreate(Bundle savedInstanceState) {
        super.onCreate(savedInstanceState);
        setContentView(R.layout.main);
        mTextView= (TextView) findViewById(R.id.mTextView);

        // 得到 SensorManager
        SensorManager sm = (SensorManager)this.getSystemService(SENSOR_SERVICE);

        // 获得指定类型的传感器对象
        SensortempSensor = sm.getDefaultSensor(Sensor.TYPE_TEMPERATURE);

        // 注册传感器对象的监听器
        sm.registerListener(this, tempSensor, SensorManager.SENSOR_DELAY_NORMAL);
    }
```

```
    @Override
    public voidonAccuracyChanged(Sensor sensor, int accuracy) {
        // TODOAuto-generated method stub
        // 未实现该方法
    }

    @Override
    public void onSensorChanged(SensorEvent event) {
        // TODOAuto-generated method stub
        mTextView.setText("Currenttemperature is :" + event.values[0]);
    }
}
```

上面代码很简单，得到温度传感器对象后，注册传感器事件监听器，当数据变化时在 Activity 上的 TextView 上显示温度。

9.2.3 获得 Sensor 系统服务

上面代码里 getSystemService(String)是在当前 Activity 里直接调用的，说明它不是 Activity 的方法就是其父类的方法，按照继承关系向上查找：

```
@frameworks/base/core/java/android/app/ContextImpl.java
@Override
public Object getSystemService(String name) {
    ServiceFetcherfetcher = SYSTEM_SERVICE_MAP.get(name);
    returnfetcher == null ? null : fetcher.getService(this);
}
```

新版本的代码没有老版本的看着简单。先来看看 SYSTEM_SERVICE_MAP：

```
[java] view plaincopy
private static final HashMap<String,ServiceFetcher> SYSTEM_SERVICE_MAP =
        newHashMap<String, ServiceFetcher>();
```

SYSTEM_SERVICE_MAP 其实是一个哈希键值映射表，其 Key 为 String 类型，Value 为 ServiceFetcher 类型，而我们获得服务时通过服务名来查找一个 ServiceFetcher 类型，并返回 ServiceFetcher.getService()的结果作为 SensorManager。

```
static class ServiceFetcher {
        intmContextCacheIndex = -1;

        publicObject getService(ContextImpl ctx) {
            // mServiceCache 是 ArrayList<Object>类型对象
            ArrayList<Object> cache =ctx.mServiceCache;
            Object service;
            synchronized (cache) {
            // 对于新创建的 Activity mServiceCache 里没有元素，所以 size 为 0
                if (cache.size() == 0) {
                    // Initialize the cache vector on first access.
                    // At this point sNextPerContextServiceCacheIndex
                    // is the number of potential services that are
```

```
                    // cached per-Context.
                    /* sNextPerContextServiceCacheIndex 为每个 Android 服
务的索引值 */
                for (int i = 0; i < sNextPerContextServiceCacheIndex; i++) {
                    cache.add(null);      // 添加 null 对象
                   }
               }else {      /* size 不为 0 的时候，即，之前已经调用过
getSystemService */
                   service = cache.get(mContextCacheIndex);
                   if (service != null) {
                       return service;    // 直接拿到之前添加的对象返回
                   }
               }
               service = createService(ctx);
               // cache.size=0 并且已经添加了一个 null 对象到 cache 里
                cache.set(mContextCacheIndex, service);
                // 设置新创建的服务添加到 cache 里
                return service;              // 返回该服务
           }
       }

       publicObject createService(ContextImpl ctx) { // 必须实现的方法
           thrownew RuntimeException("Not implemented");
       }
   }
}
```

通过分析代码可知，在 ContextImpl 类里维护了一个 ArrayList<Object>对象，其里面保存着所有注册的 Service 对象，并且 Service 对象的获得和创建由 ServiceFether 来封装，该类就两个方法：createService 和 getService，而 createService 是未实现的方法。createSerive 的实现在后面：

```
    private static int sNextPerContextServiceCacheIndex =0;
    private static void registerService(String serviceName, ServiceFetcher
fetcher){
         if(!(fetcher instanceof StaticServiceFetcher)) {
                //是否为 StaticServiceFetcher 的对象
           fetcher.mContextCacheIndex =sNextPerContextServiceCacheIndex++;
           }
        SYSTEM_SERVICE_MAP.put(serviceName, fetcher);
        // 添加到 SYSTEM_SERVICE_MAP 键值表里
    }

    static {
        ...
        registerService(POWER_SERVICE, new ServiceFetcher() {
```

```
                public Object createService(ContextImpl ctx) {
                    IBinder b = ServiceManager.getService(POWER_SERVICE);
                    IPowerManager service = IPowerManager.Stub.asInterface(b);
                    return new PowerManager(service, ctx.mMainThread.getHandler());
                }});
        ...
        registerService (SENSOR_SERVICE,new ServiceFetcher() {
            public Object createService(ContextImpl ctx) {
                return new SensorManager(ctx.mMainThread.getHandler().getLooper());
            }});
        ...
    }
```

由上面代码可知，在静态初始化语句块里通过私有方法 registerService 注册了 30 多个服务，其第二个参数为 ServiceFetcher 类型，每个注册的服务都是匿名内部类，都实现了 createService 方法，在 createService 方法里创建了 SensorManager 对象，该对象和 Activity 的 Looper 共享消息队列。

总结：如图 9-3 所示，用户程序调用 getSystemService(SENSOR_SERVICE)，其实现在 ContextImpl.java 中，实现时从 SYSTEM_SERVICE_MAP 键值表查找与 SENSOR_SERVICE 键对应的对象 ServiceFetcher，调用 ServiceFetcher.getService 方法得到 SensorManager 对象，而 ContextImpl 对象里还维护着一个 ServiceCache，如果某个服务被 get 过一次，就会被记录在这个所谓的缓存里，ServiceFetcher.getService 先查找缓存里有没有 Cache 的 Object，如果没有，则调用自己的 createService 方法创建这个 Object，而 createService 没有实现，其在 registerService 注册服务时创建 ServiceFetcher 匿名内部类时实现，并且将注册的服务添加到 SYSTEM_SERVICE_MAP 中，在创建 SensorManager 对象时，它和 Activity 共享了一个 Looper。

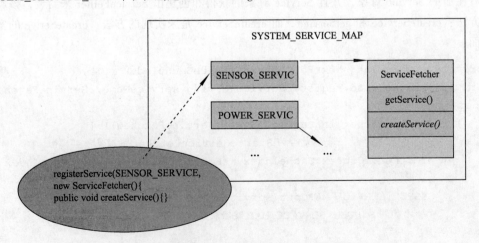

图 9-3　Android 的 SYSTEM_SERVICE_MAP

总而言之，在 getSystemService(SENSOR_SERVICE)里，创建了 SensorManager 对象并且和 Activity 共享 Looper。

9.3 SensorManager

SensorManager 在 Android Sensor 系统中是用来管理 Android 系统中的各种 Sensor, 用户可以使用 Android 内置的 SensorManager 或者自己创建 SenorManager, 通过 SensorManager 可以获取 Sensor 列表, 用户可从列表中取出需要的 Sensor, 添加监听事件, 获取 Sensor 的数据。

9.3.1 本地 SensorManager 创建

本地 SensorManager 创建在 SensorManager.java 文件中实现。

```
@frameworks/base/core/java/android/hardware/SensorManager.java
public SensorManager(Looper mainLooper) {
    mMainLooper = mainLooper;        // 这是Activity的Looper

    synchronized(sListeners) {
        if(!sSensorModuleInitialized) {
            sSensorModuleInitialized = true;
            nativeClassInit();            // 调用本地方法初始化
            sWindowManager = IWindowManager.Stub.asInterface(
                ServiceManager.getService("window"));
             // 获得Windows服务
            if (sWindowManager != null) {
            // if it's null we're running in the system process
            // which won't get the rotated values
            try {
                sRotation = sWindowManager.watchRotation(
                    newIRotationWatcher.Stub() {
                        public voidonRotationChanged(int rotation) {
                            SensorManager.this.onRotationChanged(rotation);
                        }
                    }
                );
            } catch (RemoteException e) {
            }
        }

        // initialize the sensor list
        sensors_module_init();           // 初始化sensor module
        final ArrayList<Sensor> fullList = sFullSensorsList;
        // SensorManager 维护的 Sensor 列表
          int i = 0;
        do {
            Sensor sensor = new Sensor();
            // 创建sensor对象,这个是传递给App的哦
            //调用module的方法,获得每一个sensor设备
            i = sensors_module_get_next_sensor(sensor, i);
```

```
                    if (i>=0) {
                        //Log.d(TAG, "found sensor: " +sensor.getName()+
                        //          ", handle=" +sensor.getHandle());
                        sensor.setLegacyType(getLegacySensorType(sensor.
getType()));
                        fullList.add(sensor);  // 添加到 SM 维护的 Sensor 列表
                        sHandleToSensor.append(sensor.getHandle(), sensor);
                    }
                }while (i>0);

                sPool= new SensorEventPool( sFullSensorsList.size()*2 );
                sSensorThread = new SensorThread();  // 创建了线程
            }
        }
    }
```

nativeClassInit()、sensors_module_init()、sensors_module_get_next_sensor()都是本地实现的方法。

```
private static native void nativeClassInit();
private static native int sensors_module_init();
private static native intsensors_module_get_next_sensor(Sensor sensor,
int next);
```

根据之前经验可知，很可能在 frameworks/base/core/对应的一个 jni 目录下存在其对应的本地代码：

```
frameworks/base/core/java/android/hardware/SensorManager.java
frameworks/base/core/jni/android_hardware_SensorManager.cpp
```

果不其然，在 jni 存在其本地代码，来看一下 nativeClassInit 函数：

```
@frameworks/base/core/jni/android_hardware_SensorManager.cpp
static void
nativeClassInit (JNIEnv *_env, jclass _this)
{
    jclasssensorClass = _env->FindClass("android/hardware/Sensor");
    SensorOffsets& sensorOffsets = gSensorOffsets;
    sensorOffsets.name        =_env->GetFieldID(sensorClass, "mName",
"Ljava/lang/String;");
    sensorOffsets.vendor      =_env->GetFieldID(sensorClass, "mVendor",
"Ljava/lang/String;");
    sensorOffsets.version     =_env->GetFieldID(sensorClass, "mVersion",
"I");
    sensorOffsets.handle      =_env->GetFieldID(sensorClass, "mHandle",
"I");
    sensorOffsets.type        = _env->GetFieldID(sensorClass,"mType",
"I");
    sensorOffsets.range       =_env->GetFieldID(sensorClass, "mMaxRange"
, "F");
    sensorOffsets.resolution  =_env->GetFieldID(sensorClass, "mResolutio
n","F");
    sensorOffsets.power       =_env->GetFieldID(sensorClass, "mPower",
"F");
```

```
    sensorOffsets.minDelay    = _env->GetFieldID(sensorClass, "mMinDelay",
"I");
}
```

其代码比较简单,将 Java 框架层的 Sensor 类中的成员保存在本地代码中的 gSensorOffsets 结构体中以备将来使用。

sensors_module_init()本地方法的实现方法如下:

```
static jint
sensors_module_ini(JNIEnv *env, jclass clazz)
{
    SensorManager::getInstance();
     return 0;
}
```

在本地代码中调用了 SensorManager 的 getInstance 方法,这又是一个典型的使用单例模式获得类的对象,注意这里的 SensorManager 是本地的类,而不是 Java 层的 SensorManager 类。

本地 SensorManager 的定义如下:

```
@frameworks/base/include/gui/SensorManager.h
class SensorManager :
    publicASensorManager,
    publicSingleton<SensorManager>
{
public:
    SensorManager();
    ~SensorManager();

    ssize_tgetSensorList(Sensor const* const** list) const;

    Sensor const*getDefaultSensor(int type);
    sp<SensorEventQueue> createEventQueue();
private:
    //DeathRecipient interface
    voidsensorManagerDied();
    status_tassertStateLocked() const;
private:
    mutable MutexmLock;
    mutablesp<ISensorServer> mSensorServer;
    mutableSensor const** mSensorList;
    mutableVector<Sensor> mSensors;
    mutablesp<IBinder::DeathRecipient> mDeathObserver;
};
```

注意:SensorManager 继承了 ASensorManager 和泛型类 Singleton<SensorManager>,而 SensorManager 类定义里没有 getInstance,所以其定义肯定是在 ASensorManager 或 Singleton 中。

```
@frameworks/base/include/utils/Singleton.h
template <typename TYPE>
class ANDROID_API Singleton
{
public:
```

```cpp
    staticTYPE& getInstance() {
       Mutex::Autolock _l(sLock);
       TYPE*instance = sInstance;
       if(instance == 0) {
          instance = new TYPE();
          sInstance = instance;
       }

       return*instance;
    }

    static boolhasInstance() {
       Mutex::Autolock _l(sLock);
       returnsInstance != 0;
    }

protected:
    ~Singleton(){ };
    Singleton() {};

private:
    Singleton(const Singleton&);
    Singleton& operator = (const Singleton&);
    static MutexsLock;
    static TYPE*sInstance;
};
//---------------------------------------------------------------------
}; // namespace android
```

第一次调用 getInstance 方法时，创建泛型对象，即 SensorManager，随后再调用该方法时返回第一次创建的泛型对象。

本地 SensorManager 是一个单例模式，其构造方法相对比较简单，它的主要工作交给了 assertStateLocked 方法：

```cpp
@frameworks/base/libs/gui/SensorManager.cpp
SensorManager::SensorManager()
    :mSensorList(0)
{
    // okay we'renot locked here, but it's not needed during construction
    assertStateLocked();
}

status_t SensorManager::assertStateLocked() const {
    if(mSensorServer == NULL) {
        // try for one second
        constString16 name("sensorservice");
        for (inti=0 ; i<4 ; i++) {
            status_t err = getService(name,&mSensorServer);
            if(err == NAME_NOT_FOUND) {
                usleep(250000);
```

```
            continue;
        }

        if(err != NO_ERROR) {
            return err;
        }
        break;
    }

    classDeathObserver : public IBinder::DeathRecipient {
        SensorManager& mSensorManger;
        virtual void binderDied(const wp<IBinder>& who) {
            LOGW("sensorservice died [%p]", who.unsafe_get());
            mSensorManger.sensorManagerDied();
        }
    public:
        DeathObserver(SensorManager& mgr) : mSensorManger(mgr) { }
    };

    mDeathObserver = new DeathObserver(*const_cast<SensorManager*>(this));
    mSensorServer->asBinder()->linkToDeath(mDeathObserver);

    mSensors= mSensorServer->getSensorList();
    size_tcount = mSensors.size();
    mSensorList = (Sensor const**)malloc(count * sizeof(Sensor*));
    for(size_t i=0 ; i<count ; i++) {
        mSensorList[i] = mSensors.array() + i;
    }
    }

    returnNO_ERROR;
}
```

在 assertStateLocked 方法里，先通过 getService 获得 SensorService 对象，然后注册了对 SensorService 的死亡监听器，SensorManager 与 SensorService 不是同时被创建，但是当 Sensor 数据处理完毕后同时被销毁，调用 getSensorList 得到所有传感器的对象，存放到 mSensorList 中，保存在本地空间里。

9.3.2 获得 SensorService 服务

在上面函数调用中首先调用 getService 来获得 SensorService 服务，然后执行 mSensorServer->getSensorList 来获得服务提供的传感器列表：

```
Vector<Sensor> SensorService::getSensorList()
{
    return mUserSensorList;
}
```

注意：上面的 getSensorList 函数只是返回了 mUserSensorList，而这个变量是在什么时候初始化的呢？

SensorService 在本地被初始化时，构造函数里并没有对 mUserSensorList 进行初始化，而 SensorService 里有一个 onFirstRef 方法，这个方法当 SensorService 第一次被强引用时被自动调用。那 SensorService 第一次被强引用是在什么时候呢？

在 SensorManager::assertStateLocked 方法里调用 getService 获得 SensorService 保存到 mSensorServer 成员变量中。

mSensorServer 的定义在 frameworks/base/include/gui/SensorManager.h 中：

```
class SensorManager :
    public ASensorManager,
    public Singleton<SensorManager>
{
 mutable sp<ISensorServer>mSensorServer;
 mutable Sensorconst** mSensorList;
 mutable Vector<Sensor> mSensors;
};
```

可以看出 mSensroServer 为强引用类型。所以在创建本地中的 SensorManager 类对象时，自动强引用 SensorService，自动调用 onFirstRef 方法：

@frameworks/base/services/sensorservice/SensorService.cpp 的 onFirstRef 简化方法如下：

```
void SensorService::onFirstRef()
{
    LOGD("nuSensorService starting...");
    SensorDevice& dev(SensorDevice::getInstance());//创建SensorDevice对象dev

    if(dev.initCheck() == NO_ERROR) {
        sensor_tconst* list;
        ssize_tcount = dev.getSensorList(&list);
        //获得传感器设备列表
        if (count> 0) {
            …
            for(ssize_t i=0 ; i<count ; i++) {
                registerSensor( new HardwareSensor(list[i]) );
                // 注册在本地获得的传感器
                        …
            }
            constSensorFusion& fusion(SensorFusion::getInstance());

            if(hasGyro) {// 如果有陀螺仪设备，则先注册和陀螺仪有关的虚拟传感器设备
                registerVirtualSensor( newRotationVectorSensor() );
                 // 虚拟旋转传感器
                registerVirtualSensor( new GravitySensor(list, count) );
                 // 虚拟重力传感器
                registerVirtualSensor( new LinearAccelerationSensor(list, count) );     // 虚拟加速器

                // these are optional
                registerVirtualSensor( new OrientationSensor() );
```

```
                    // 虚拟方向传感器
            registerVirtualSensor( new CorrectedGyroSensor(list, count) );
                    // 真正陀螺仪

                    // virtual debugging sensors...
                    char value[PROPERTY_VALUE_MAX];
                    property_get("debug.sensors", value, "0");
                    if (atoi(value)) {
                        registerVirtualSensor( new GyroDriftSensor() );
                        // 虚拟陀螺测漂传感器
                    }
                }
                    // build the sensor list returned tousers
                mUserSensorList = mSensorList;
                if(hasGyro &&
                    (virtualSensorsNeeds & (1<<SENSOR_TYPE_ROTATION_VECTOR))) {
                    /* if we have the fancy sensor fusion, and it's not
provided by the HAL, use our own (fused) orientation sensor by removing
the HAL supplied one form the user list */
                    if (orientationIndex >= 0) {
                        mUserSensorList.removeItemsAt(orientationIndex);
                    }
                }
                run("SensorService",PRIORITY_URGENT_DISPLAY);
                mInitCheck = NO_ERROR;
            }
        }
    }
```

上面代码首先通过 SensorDevice::getInstance()创建对象 dev，调用 dev.getSensorList(&list) 获得传感器列表，将取出的 sensor_t 类型 list 传感器列表，塑造了 HardwareSensor 对象，传递给了 registerSensor 方法，通过 registerSensor 注册传感器，然后通过单例模型创建了 SensorFusion 对象，创建并注册了一系列的虚拟传感器，有一点疑问，为什么传感器还有虚拟的？其实可以注意看，这几个传感器最前面的条件 if(hasGyro)，表示如果存在陀螺仪，会创建这些虚拟设备，再看这些虚拟设备：旋转、重力、加速器、方向等，这些设备都对应一个物理硬件：陀螺仪，所以这些逻辑上存在，物理上不存在的设备叫虚拟设备。在初始化了虚拟设备后,将 mSensorList 传感器列表赋值给 mUserSensorList,mSensorList 是由 registerSensor 初始化的，mUserSensorList 是要提交给 Java 框架层的传感器列表，最后通过 run 方法运行了 SensorService 线程，我们先来看一下 registerSensor 的代码：

```
void SensorService::registerSensor(SensorInterface* s)
{
    sensors_event_t event;
    memset(&event,0, sizeof(event));

    const Sensorsensor(s->getSensor());
    // add to thesensor list (returned to clients)
    mSensorList.add(sensor);
```

```
    // add to ourhandle->SensorInterface mapping
    mSensorMap.add(sensor.getHandle(), s);
    // create anentry in the mLastEventSeen array
    mLastEventSeen.add(sensor.getHandle(), event);
}
```

通过分析上面代码可知，将传入的 HardwareSensor 对象塑造了 Sensor，添加到 mSensorList 向量表里，然后将 HardwareSensor 对象添加到 mSensroMap 键值对里，将新建的传感器事件数据封装对象 event 添加到 mLastEventSeen 键值对中。

可以通过下面的时序图 9-4 来看一下 Sensor 列表的获取过程。

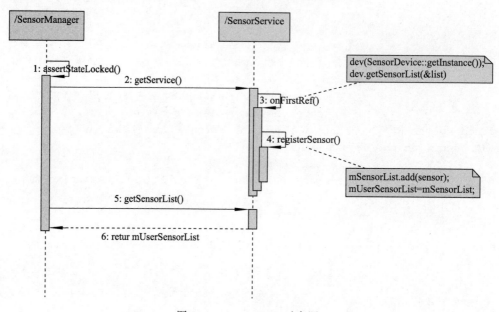

图 9-4　Sensor HAL 时序图

9.3.3　获得 SensorService 监听及事件捕获

再来看看 SensorService 线程，前面 SensorService 的父类中有一个 Thread 类，当调用 run 方法时会创建线程并调用 threadLoop 方法。

```
bool SensorService::threadLoop()
{
    LOGD("nuSensorService thread starting...");

    const size_tnumEventMax = 16 * (1 + mVirtualSensorList.size());
    sensors_event_t buffer[numEventMax];
    sensors_event_t scratch[numEventMax];
    SensorDevice& device(SensorDevice::getInstance());
    const size_tvcount = mVirtualSensorList.size();

    ssize_tcount;
    do {
        // 调用 SensorDevice 的 poll 方法要多路监听
        count = device.poll(buffer,numEventMax);
```

```
if(count<0) {
    LOGE("sensor poll failed (%s)", strerror(-count));
    break;
}
        //记录poll返回的每一个传感器中的最后一个数据信息到mLastEventSeen中
recordLastValue(buffer, count);

// handlevirtual sensors 处理虚拟传感器数据
if (count&& vcount) {
    sensors_event_t const * const event = buffer;
            // 获得虚拟传感器列表
     constDefaultKeyedVector<int, SensorInterface*> virtualSensors(
         getActiveVirtualSensors());
    constsize_t activeVirtualSensorCount = virtualSensors.size();
            // 虚拟传感器个数
    if(activeVirtualSensorCount) {
       size_t k = 0;
       SensorFusion& fusion(SensorFusion::getInstance());
       if (fusion.isEnabled()) {
           for (size_t i=0 ; i<size_t(count) ; i++) {
               fusion.process(event[i]);
               //处理虚拟传感器设备事件
           }
        }
       for (size_t i=0 ; i<size_t(count) ; i++) {
           for (size_t j=0 ; j<activeVirtualSensorCount ; j++){
               sensors_event_t out;
            if (virtualSensors.valueAt(j)->process(&out, event[i])) {
                   buffer[count + k] =out;
                   k++;
               }
           }
       }
       if (k) {
           // record the last synthesized values
           recordLastValue(&buffer[count], k);
           count += k;
           // sort the buffer by time-stamps
           sortEventBuffer(buffer, count);
       }
    }
}

// sendour events to clients...
    // 获得传感器连接对象列表
constSortedVector< wp<SensorEventConnection>>activeConnections(
       getActiveConnections());
size_tnumConnections = activeConnections.size();
for(size_t i=0 ; i<numConnections ; i++) {
```

```
                sp<SensorEventConnection> connection(
                    activeConnections[i].promote());
                if(connection != 0) {
                                    // 向指定的传感器连接客户端发送传感器数据信息
                    connection->sendEvents(buffer, count, scratch);
                }
            }
        } while (count>= 0 || Thread::exitPending());    // 传感器循环监听线程

        LOGW("Exiting SensorService::threadLoop => aborting...");
        abort();
        return false;
    }
```

可以看到 device.poll 方法，阻塞在 SensorDevice 的 poll 方法上，它是在读取 Sensor 硬件上的数据，将传感器数据保存在 buff 中，然后调用 recordLastValue 方法，只保存同一类型传感器的最新数据（最后采集的一组数据）到键值对象 mLastEventSeen 里对应传感器的值域中。如果传感器设备是虚拟设备则调用 SensorFusion.Process 方法对虚拟设备数据进行处理。SensorFusion 关联一个 SensorDevice，它是虚拟传感器设备的一个加工类，负责虚拟传感器数据的计算、处理、设备激活、设置延迟，以及获得功耗信息等操作。

回顾一下整个过程，如图 9-5 所示。

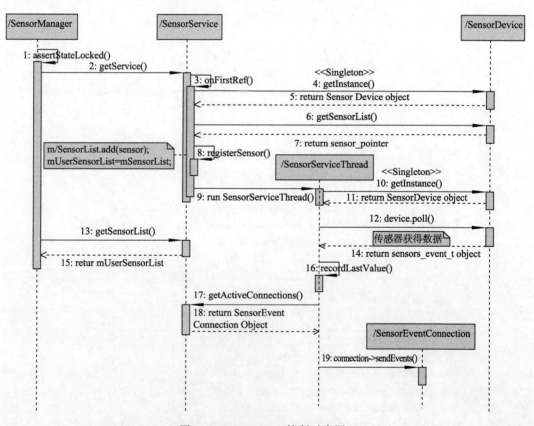

图 9-5　Sensor HAL 控制时序图

assertStateLocked()：SensorManager 对象创建并调用 assertStateLocked 方法。
getService()：在 assertStateLocked 方法中调用 getService，获得 SensorService 服务。
onFirstRef()：当 SensorService 第一次强引用时，自动调用 OnFirstRef 方法。
getInstance()：获得 SensorDevice 单例对象。
getSensorList()：调用 SensorDevice.getSensorList 方法 sensor_t 列表保存在 SensorService 中。
registerSensor()：调用 registerSensor 注册传感器，添加到 mSensorList 列表中。
runSensorServiceThread()：启动 SensorService 线程，准备监听所有注册的传感器设备。
device.poll()：多路监听注册的传感器设备，当有传感器事件时，返回 sensor_event_t 封装的事件信息。
recordLastValue()：记录产生传感器事件的设备信息。
getActiveConnections()：调用 getActiveConnections 获得所有的活动的客户端 SensorEvent Connection 类对象。
connection->sendEvents()：向客户端发送传感器事件信息。

9.3.4 本地封装类 SensorDevice

SensorDevice 是在本地代码中 SensorService 对 Sensor 设备的抽象类型封装，它封装了传感器硬件的硬件操作，该类继承了 Singleton 类，通过 getInstance 方法获得单例模式设备操作对象。

```
@frameworks/base/services/sensorservice/SensorDevice.h
class SensorDevice : public Singleton<SensorDevice> {
    friend class Singleton<SensorDevice>;
    struct sensors_poll_device_t* mSensorDevice;
    struct sensors_module_t* mSensorModule;
    mutable Mutex mLock;      // protect mActivationCount[].rates
    // fixed-size array after construction
    struct Info {
        Info() : delay(0) { }
        KeyedVector<void*, nsecs_t> rates;
        nsecs_t delay;
status_t setDelayForIdent(void* ident, int64_t ns);
        nsecs_t selectDelay();
    };
    DefaultKeyedVector<int, Info> mActivationCount;
SensorDevice();
public:
    ssize_t getSensorList(sensor_t const** list);
    status_t initCheck() const;
    ssize_t poll(sensors_event_t* buffer, size_t count);
    status_t activate(void* ident, int handle, int enabled);
    status_t setDelay(void* ident, int handle, int64_t ns);
    void dump(String8& result, char* buffer, size_t SIZE);
};
```

通过 SensorDevice 类的定义可看到它包含的属性和方法：
（1）属性
mSensorDevice：Sensor 设备 HAL 层操作接口封装结构。

mSensorModule：Sensor 设备 HAL 硬件模块封装结构。
mActivationCount：保存激活 Sensor 设备向量表。
（2）方法：
SensorDevice：构造方法。
getSensorList：获得 Sensor 设备列表方法。
poll：Sensor 设备多路监听方法。
activate：设备激活方法。
setDelay：设备 Sensor 设备延迟方法。

由前面分析可知，SensorDevice 是单例模型，其构造方法仅会调用一次：

```
@frameworks/base/services/sensorservice/SensorDevice.cpp
SensorDevice::SensorDevice()
    : mSensorDevice(0), mSensorModule(0)
{
        // 终于看到 hw_get_module 了
    status_t err = hw_get_module(SENSORS_HARDWARE_MODULE_ID,
            (hw_module_t const**)&mSensorModule);
    LOGE_IF(err, "couldn't load %s module (%s)",
            SENSORS_HARDWARE_MODULE_ID, strerror(-err));
    if (mSensorModule) {
        //打开 module 设备，返回 module 设备的操作接口，保存在 mSensorDevice 中
        err = sensors_open(&mSensorModule->common, &mSensorDevice);
        LOGE_IF(err, "couldn't open device for module %s (%s)",
                SENSORS_HARDWARE_MODULE_ID, strerror(-err));
        if (mSensorDevice) {
            sensor_t const* list;
                // 调用 module 设备的 get_sensors_list 接口
   ssize_t count = mSensorModule->get_sensors_list(mSensorModule, &list);
            mActivationCount.setCapacity(count);
            Info model;
            for (size_t i=0 ; i<size_t(count) ; i++) {
                mActivationCount.add(list[i].handle, model);
                mSensorDevice->activate(mSensorDevice,list[i].handle,0);
            }
        }
    }
}
```

在 SensorDevice 构造方法里调用 HAL 架构的 hw_get_module 来获得 Sensor 设备模块，之后调用 sensors_open 这个工具函数，打开 Sensor 设备模块（调用其 methods->open 函数指针），返回 Sensor 设备的操作接口（这些接口在 HAL 层实现），保存在 mSensorDevice 中，调用 Sensor 模块的 get_sensors_list 方法获得传感器列表，然后依次激活这些设备并且添加到 mActivationCount 设备信息向量中。

Sensor HAL 模块代码及打开模块工具函数 sensors_open：

```
@hardware/libhardware/include/hardware/sensors.h
struct sensors_module_t {
    struct hw_module_t common;
```

```c
    /**      * Enumerate all available sensors. The list is returned in
"list".
     * @return number of sensors in the list
     */
    int (*get_sensors_list)(struct sensors_module_t* module,
            struct sensor_t const** list);
};
……
static inline int sensors_open(const struct hw_module_t* module,
        struct sensors_poll_device_t** device) {
    return module->methods->open(module,
            SENSORS_HARDWARE_POLL, (struct hw_device_t**)device);
}
```

SensorDevice 其他几个方法比较简单：

```cpp
ssize_t SensorDevice::getSensorList(sensor_t const** list) {
    if (!mSensorModule) return NO_INIT;
    // 直接调用模块的 get_sensors_list 方法获得 Sensor 列表
    ssize_t count=mSensorModule->get_sensors_list(mSensorModule,list);
    return count;
}

ssize_t SensorDevice::poll(sensors_event_t* buffer, size_t count) {
    if (!mSensorDevice) return NO_INIT;
    ssize_t c;
    do {
        // 调用 Sensor 设备的 poll 操作接口，该接口实现在 HAL 层
        c = mSensorDevice->poll(mSensorDevice, buffer, count);
    } while (c == -EINTR);
    return c;
}

status_t SensorDevice::activate(void* ident, int handle, int enabled)
{
    if (!mSensorDevice) return NO_INIT;
    status_t err(NO_ERROR);
    bool actuateHardware = false;

    Info& info( mActivationCount.editValueFor(handle) );

    LOGD_IF(DEBUG_CONNECTIONS,
   "SensorDevice::activate: ident=%p, handle=0x%08x, enabled=%d, count=%d",
            ident, handle, enabled, info.rates.size());

    if (enabled) {
        Mutex::Autolock _l(mLock);
        LOGD_IF(DEBUG_CONNECTIONS, "... index=%ld",
                info.rates.indexOfKey(ident));
        // 设置设备为默认延迟级别
        if (info.rates.indexOfKey(ident) < 0) {
```

```cpp
                info.rates.add(ident, DEFAULT_EVENTS_PERIOD);
                if (info.rates.size() == 1) {
                    actuateHardware = true;
                }
            } else {
                // sensor was already activated for this ident
            }
        } else {
            Mutex::Autolock _l(mLock);
            LOGD_IF(DEBUG_CONNECTIONS, "... index=%ld",
                    info.rates.indexOfKey(ident));

            ssize_t idx = info.rates.removeItem(ident);
            if (idx >= 0) {
                if (info.rates.size() == 0) {
                    actuateHardware = true;
                }
            } else {
                // sensor wasn't enabled for this ident
            }
        }

        if (actuateHardware) {
            LOGD_IF(DEBUG_CONNECTIONS, "\t>>> actuating h/w");
                // 调用Sensor设备activate操作接口,其实现在HAL层
            err = mSensorDevice->activate(mSensorDevice, handle, enabled);
            if (enabled) {
                LOGE_IF(err, "Error activating sensor %d (%s)", handle, strerror(-err));
                if (err == 0) {
                    // 在电池服务中打开Sensor电源
                    BatteryService::getInstance().enableSensor(handle);
                }
            } else {
                if (err == 0) {
                    // 在电池服务中关闭Sensor电源
                    BatteryService::getInstance().disableSensor(handle);
                }
            }
        }

        { // scope for the lock
            Mutex::Autolock _l(mLock);
            nsecs_t ns = info.selectDelay();
                // 设置延迟值
            mSensorDevice->setDelay(mSensorDevice, handle, ns);
        }

    return err;
}
```

由这几个 SensorDevice 的方法可知，其具体的实现全部由 mSensorDevice 封装的设备操作接口函数实现，这些设备操作接口在 HAL 层实现，其实 SensorDevice 只是 SensorService 的设备操作对象，封装了设备的操作，而实际"干活的"是 HAL 层代码。

9.4　Sensor HAL 回顾

一路分析过来，已经到了 HAL 层了，我们回顾一下前面所学的东西。

让我们从 Java 应用层到框架层再到本地代码来总结下，如图 9-6 所示。

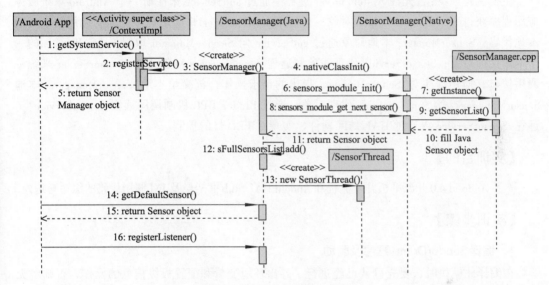

图 9-6　Sensor HAL 数据时序图

getSystemService()：Android 的应用程序调用 getSystemService 方法获得 SensorManager 对象，该方法实现在 ContextImpl.java 中，它是 Activity 的抽象父类 Context 的实现类。

registerService()：在应用程序（Activity）初始化时调用 registerService 创建并注册 SensorManager。

SensorManager()：创建 SensorManager。

nativeClassInit()：在 SensorManager 的构造方法中，调用了本地方法 nativeClassInit()，它用来初始化了 Java 对象 Sensor 在本地的引用，方便本地代码对 Java 对象操作。

return SenserManager object：在 SensorManager 的构造方法中，调用 sensors_module_init() 来创建 SensorManager 本地对象。

sensors_module_get_next_sensor()：调用 sensors_module_get_next_sensor() 方法，通过 nativeClassInit 中初始化的 Sensor 引用填充 Sensor 设备列表，返回给 Java 框架层。

sFullSensorsList()：将 sensors_module_get_next_sensor() 获得的设备列表保存在 sFullSensorsList 中。

new SensorThread()：创建 SensorThread 线程准备监听 Sensor 硬件事件变化。

应用程序通过 getDefaultSensor 来获得指定类型传感器的对象。

通过 registerListener 注册 Sensor 监听器。

9.5 实训：SensorDemo 的编译

【实训描述】

前面已经对 Sensor 的 Stub 框架进行了分析，一个基于 Android 4.0 的 SensorDemo 总共由三部分组成：SensorApp（应用层程序）、Sensor_drv（Led 的驱动）、SensorHal（HAL 层代码）。三部分通过 Android.mk 编译。

主要流程如下：首先在 SystemServer 进程中通过 addService 来注册一个 Android 系统服务应用程序获得一个 SensorManger 对象；然后 SensorManager 将应用程序提出的调用请求交给本地代码；SensorManager 本地对象通过 getService 向 ServiceManager 取得 SensorService 的一个本地代理对象；SensorService 代理对象和远程 SensorService 对象通过 ISensorServer 来统一调用接口；应用程序对 SensorManager 提出的请求操作，都交给本地 SensorManager，本地 SensorManager 交给 SensorService 代理对象，通过 Binder RPC 机制调用远程 SensorService，远程 SensorService 再通过 HAL 访问硬件，实现对 LED 灯的控制。

【实训目的】

熟悉 Android 4.0 开源平板开发流程和 Andoid HAL Stub 框架层及 JNI 调用代码的编写与编译。

【实训步骤】

1. 编译 SendorDemo 程序及驱动

在编译此模块时，要先确认已经进行了导出环境变量和配置板级信息的操作，否则将无法进行编译，导出环境变量，执行：

```
$source build/envsetup.sh
```

配置板级信息，执行：

```
$lunch 9
```

2. 编译 SensorDemo 程序

在 android4.0/device/softwinner/nuclear-top/ 目录下创建 mysrc 目录。

将"SensorDemo 实训"文件夹下的 sensor_app 移动到 android4.0/device/softwinner/nuclear-top/mysrc 下。

3. 编译 SensorDemo

```
$mmm device/softwinner/nuclear-top/mysrc/
```

将生成的 SensorDemo.apk 文件复制到文件系统中。

4. 编译 SensorDemo 驱动

传感器驱动在 FSPAD 中默认是已经存放在 system/vendor/modules/mma7660.ko 中，并且它通过 init.sun5i.rc 脚本安装到系统中了，因此，不需要单独编译与安装。

5. 启动系统

给开发板上电，系统启动后，先加载驱动：

在 LCD 屏上启动 SensorDemo 的应用程序，完成实训。

小　结

本章介绍了 Android 中传感器的原理，以及创传感器在 Android 系统下实现的原理和细节，通过分析具体的 Android Sensor HAL 实例代码，让读者进一步了解 Android 体系结构及实现细节。

习　题

1. 简述 Android 中传感器的概念和原理。
2. 简述 Android 系统下传感器程序的实现流程。
3. 简述 Android 系统下，Sensor 如何实现 HAL 层调用。